ELEE003PO

# FUNDAMENTOS BÁSICOS DE ELECTRICIDAD

ELEE003PO

# FUNDAMENTOS BÁSICOS DE ELECTRICIDAD

*David Arboledas Brihuega*

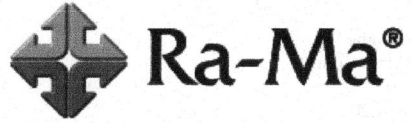

La ley prohíbe
fotocopiar este libro

ELEE003PO - FUNDAMENTOS BÁSICOS DE ELECTRICIDAD
© David Arboledas Brihuega
© De la edición: Ra-Ma 2024

Editado por:
RA-MA Editorial
Calle Jarama, 3A, Polígono Industrial Igarsa
28860 PARACUELLOS DE JARAMA, Madrid
Teléfono: 91 658 42 80
Fax: 91 662 81 39
Correo electrónico: *info@grupoeditorialrama.com*
Internet: *www.ra-ma.es* y *www.ra-ma.com*
ISBN impreso: 978-84-1018-112-0
Depósito legal: M-2764-2024
Maquetación: Antonio García Tomé
Diseño de portada: Antonio García Tomé
Filmación e impresión: Safekat
Impreso en España en febrero de 2024

*Los sabios buscan la sabiduría;*
*los necios creen haberla encontrado.*

Napoleón Bonaparte

# ÍNDICE

# PRÓLOGO

Atiendo con sumo gusto la petición que me efectúa el autor del libro que tiene en sus manos y agradezco que haya pensado en mí para escribir este breve prólogo.

Tengo, así mismo, que felicitar a su autor, David Arboledas Brihuega, que con un enfoque serio, nos ofrece un manual muy completo sobre los conceptos generales de electricidad. Éste se ha realizado de forma que quienes acudan a sus fuentes, se sientan capaces de adquirir los conocimientos prioritarios y necesarios para comprender y afrontar los pequeños problemas que puedan irle surgiendo, ya sea en su condición de estudiante, bien como usuario doméstico, e incluso construyendo y favoreciendo su futuro tránsito a la vida activa.

Los contenidos abordados se estructuran con continuidad, de tal forma que pueden ir adquiriéndose de manera autónoma y acumulativa, y contribuir con rotundidad al desarrollo de estrategias de trabajo personal para afianzar la iniciativa individual. De este modo se permite la tan deseable capacidad de "aprender a aprender" y aporta, por otra parte, complementos a los contenidos de áreas que posibilitan el aprendizaje de conocimientos técnico-científicos de distinta naturaleza donde, sin duda, la electricidad forma parte de uno de sus principales núcleos, como no podría ser de otra forma, en una sociedad como la actual, absolutamente dependiente de la misma.

Este libro que he tenido el honor de prologar, aborda, de forma clara, evolutiva y amena buena parte de los aspectos básicos relacionados con la electricidad; y es clásico en su estructura, pues no duda en situar los aspectos conceptuales como el punto fundamental de todo aprendizaje. Se trata de una obra útil, incluso casi necesaria, si pienso en estudiantes. Su autor, David Arboledas, con quien he tenido la ocasión de compartir trabajo varios años, es un gran conocedor de la materia y un buen comunicador, por lo que estoy convencido de que el lector encontrará este trabajo interesante, ameno y didáctico.

José Lista Rubianes

Ingeniero de telecomunicaciones

# Capítulo 1

# TEORÍA ATÓMICA Y ELECTRICIDAD
·········································································

## 1.1 ¿QUÉ ES LA ELECTRICIDAD?

La **electricidad**, del griego *elektron* –ámbar–, es un fenómeno físico que presenta su origen en las cargas eléctricas y que se manifiesta en fenómenos térmicos (estufas, hornos), mecánicos (motores eléctricos), luminosos (luz) y químicos (cargadores de pilas, electrolisis), entre otros. La electricidad se puede observar en la Naturaleza en los relámpagos y es necesaria para el funcionamiento de nuestro sistema nervioso. Está presente en cualquier aspecto de nuestra vida; desde los más pequeños dispositivos electrónicos, como un MP4 o un móvil, hasta los potentes trenes de alta velocidad.

Desde el siglo pasado la electricidad no se había empleado de un modo tan amplio como se hace a día de hoy. La importancia que tiene actualmente en nuestras vidas es tan evidente que no hay manera de medirla de una forma sencilla o que resulte evidente.

No podemos encontrar en el planeta una ciudad, por pequeña que sea, que no requiera una gran cantidad de electricidad en su día a día. Son tantas y tantas las cosas que funcionan con corriente eléctrica que no podríamos mencionar todas ellas.

No sólo la electricidad puede transformarse en otras formas de energía, como las comentadas anteriormente, sino que puede transportarse económicamente a grandes distancias para emplearla allí donde sea necesaria: ciudades, núcleos rurales, centros industriales, etc.

Año a año el consumo mundial de energía eléctrica crece sin freno, por lo que hemos de aprender a obtener la misma de la forma menos contaminante posible y, por tanto, más saludable para nuestro medio ambiente. La electricidad, como tal, es una fuente limpia, pero su producción puede llegar a ser realmente contaminante.

Si poseemos los conocimientos adecuados de las leyes del electromagnetismo y sabemos, así mismo, los diferentes modos de obtener electricidad y poner de manifiesto sus efectos magnéticos, mecánicos o químicos; resultará bastante sencillo aplicar la misma a cualquier proyecto tecnológico que la mente del hombre sea capaz de imaginar.

También podemos hablar de **electricidad** refiriéndonos a la rama de la Física que estudia las leyes que rigen este fenómeno físico; así como también a la parte de la tecnología que la usa en aplicaciones prácticas.

# 1.2 LA MATERIA

La materia se ha definido tradicionalmente como todo lo que existe en el Universo y que ocupa un lugar en el espacio. Así que es materia todo lo que podemos ver y tocar, e incluso aquello que no podemos ver a simple vista pero que sí sabemos que existe, como los virus o los átomos. La materia no sólo estará en un lugar en el espacio, también tendrá una masa y llevará asociada una energía.

La materia está formada por moléculas, como en el agua ($H_2O$); o átomos, como en el diamante (C) o en el aluminio (Al) y, que precisamente es el **átomo**, del griego *atomon –sin dividir–*, la parte más pequeña de la materia que conserva sus propiedades. Solos o en combinación forman toda la materia del Universo (Figura 1.1).

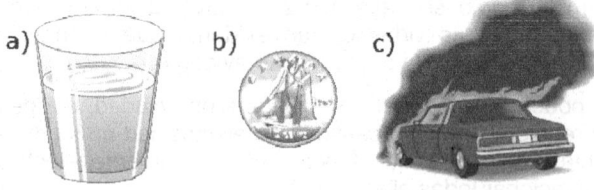

*Figura 1.1. Estados de agregación de la materia. a) Estado líquido (bebida). b) Estado sólido (moneda). c) Estado gaseoso (humo)*

Dependiendo del tipo de unión que exista entre átomos y moléculas, los cuerpos se pueden presentar en cuatro diferentes estados de agregación.

## 1.2.1 Estado sólido

El estado sólido se caracteriza por tener un volumen y una forma fijos. Son incompresibles, ya que por mucha fuerza que se ejerza sobre ellos su volumen no disminuirá (Figura 1.1.b).

Los átomos y moléculas que forman los sólidos están ordenados en el espacio formando una estructura cristalina, como la sal de mesa (NaCl), con una geometría definida (Figura 1.2).

*Figura 1.2. Estructura cristalina de la sal de mesa, NaCl. Los cationes sodio se empaquetan con los aniones cloruro*

Esto no significa, sin embargo, que los átomos estén en reposo; al contrario, debido a la temperatura se mueven continuamente, pero no tienen libertad para desplazarse, sino tan sólo para vibrar.

## 1.2.2 Estado líquido

El líquido es uno de los cuatro estados de agregación de la materia. Un líquido, como un sólido, es incompresible, de forma que su volumen no cambia apreciablemente; sin embargo, al contrario que el sólido, el líquido no tiene una forma fija, sino que se adapta al recipiente que lo contiene y mantiene siempre una superficie superior horizontal (Figura 1.3).

En este estado de agregación de la materia los átomos o moléculas no están unidos tan fuertemente como en el sólido; por eso tienen más libertad de movimiento y, en lugar de vibrar alrededor de un punto fijo, se pueden trasladar.

*Figura 1.3. Los líquidos mantienen siempre su superficie horizontal*

## 1.2.3 Estado gaseoso

Si los sólidos tienen un volumen y una forma fijos, y los líquidos un volumen fijo y una forma variable, los gases no tienen ni lo uno ni lo otro (Figura 1.4). Se adaptan al recipiente que los contiene y, además, lo ocupan completamente.

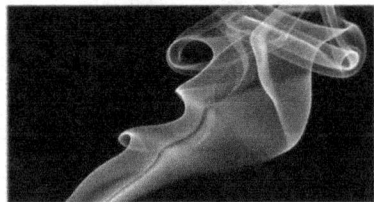

*Figura 1.4. Expansión natural de un gas*

En un gas las moléculas no están unidas de ninguna forma. Si en el sólido sólo podían vibrar y permanecían *fijas* en un sitio determinado, y en el líquido podían moverse pero sin separarse unas de otras, en el gas las moléculas se mueven y desplazan libremente. El gas está formado por moléculas con mucho espacio vacío entre ellas; espacio vacío por el que se mueven con absoluta libertad. Por eso su volumen no es fijo y se puede comprimir y dilatar. Comprimir simplemente disminuye el espacio vacío en el que se mueven las moléculas del gas, y dilatarlo es aumentar dicho espacio.

## 1.3 LA ESTRUCTURA ATÓMICA

Una vez descubierta la existencia del átomo a finales del siglo XIX, los científicos trataron de contestar a la pregunta de cómo era la estructura de un átomo. Los modelos de **Rutherford** (1911), primero y de **Bohr**, más tarde (1913), explicaron la estructura interna de los átomos. Según esta visión moderna, en todo átomo distinguimos una parte central, llamada **núcleo**, formada por dos tipos de partículas subatómicas: los **protones** *(p⁺)*, con carga positiva y los **neutrones** *(n)*, sin carga eléctrica. Alrededor del núcleo y describiendo diferentes órbitas giran los **electrones** *(e⁻)*, con carga negativa. Los electrones son las cargas que participan de forma activa en los procesos eléctricos (Figura 1.5).

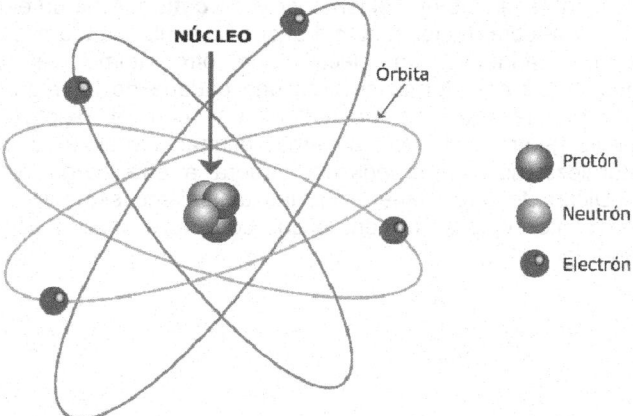

*Figura 1.5. Estructura interna de un átomo. Protones, con carga + y neutrones, sin carga, se localizan en el núcleo. Los electrones, con carga –, se distribuyen en órbitas alrededor de aquel*

# 1.3.1 Carga eléctrica de los átomos

Los protones y los electrones son las únicas cargas que existen en los átomos. Además, como la materia es eléctricamente neutra, esto significa que ambas cargas deben ser iguales en valor. Efectivamente es así, $p^+$ y $e^-$ poseen una carga de $1,6 \cdot 10^{-19}$ C. La única diferencia es el signo de ambas; de tal modo que los **campos eléctricos** generados por estas partículas son contrarios y de igual magnitud. Así pues, los átomos son eléctricamente neutros.

Para que se produzcan cambios eléctricos en la materia los átomos deben estar eléctricamente descompensados. Esto puede ocurrir cuando un átomo cualquiera gana o pierde algún electrón. En tal caso decimos que se ha formado un **ion**. Los iones podrán ser entonces de dos tipos:

- **Ion positivo (catión):** cuando el átomo tiene más protones que electrones, por haber perdido uno o varios de éstos.

- **Ion negativo (anión):** cuando el átomo posee más electrones que protones, por haber ganado uno o varios electrones.

Como hemos dicho que la materia es eléctricamente neutra, esto significa que en el momento en el que un átomo se desequilibra eléctricamente, para tener de nuevo el mismo número de protones que de electrones, será necesario que el ion positivo, o **catión**, robe un electrón del átomo vecino. De este modo, el átomo al que se le ha quitado el electrón se desestabiliza y adquirirá un electrón de otro átomo vecino y así sucesivamente. De esta forma se crea una cadena de intercambio de e⁻ entre los diferentes átomos de un cuerpo con el objetivo de ser eléctricamente neutro. Así pues, podemos afirmar que siempre que exista en la naturaleza una carga positiva atraerá a otra carga negativa, y viceversa. Dicho de otra manera, cargas del mismo signo se repelen y cargas de distinto signo se atraen; lo que constituye una ley básica de la electricidad (Figura 1.6).

cargas distintas se atraen          cargas iguales se repelen

*Figura 1.6. Fuerzas eléctricas entre las cargas*

# 1.3.2 Número atómico (Z)

Los protones de cualquier átomo son idénticos entre sí; por lo que sólo pueden diferenciarse por el número de protones que tiene cada uno en su núcleo. Así, el litio (Li) se diferencia del carbono (C) en que aquél posee $3p^+$ y éste 6. De este modo, se define el **número atómico** como el número de protones que un átomo posee en su núcleo y que, a su vez, coincidirá con la cantidad de electrones que orbitan alrededor del mismo para un átomo eléctricamente neutro (Figura 1.7).

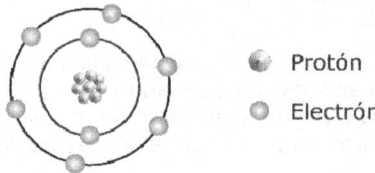

Protón

Electrón

*Figura 1.7. Número atómico. Estructura del oxígeno, con Z = 8*

## 1.3.3 Distribución electrónica

Como ya sabemos por el modelo atómico de Bohr, los electrones orbitan el átomo, pero ¿pueden girar los electrones en cualquier órbita alrededor del núcleo? La respuesta en no. Atendiendo al modelo de Bohr, los electrones sólo pueden ocupar órbitas discretas y que estén definidas por valores permitidos del momento angular orbital. Hasta la fecha, todos los átomos conocidos distribuyen sus electrones en siete órbitas o capas, que se denominan, sucesivamente, con las letras **K**, **L**, **M**, **N**, **O**, **P** y **Q**. Tampoco es posible que haya más electrones en una capa que los que permiten las leyes físicas. Así, la capa K ($n = 1$) puede tener un máximo de 2 e⁻; la capa L ($n = 2$), 8 e⁻; la capa M ($n = 3$), 18 e⁻ y así sucesivamente. De modo que para una capa $n$, el número máximo de electrones que puede encontrarse en la misma es $2n^2$.

Cada órbita posee una determinada cantidad de energía, de modo que los electrones pueden saltar de un nivel a otro absorbiendo o emitiendo un fotón, cuya energía se corresponderá con la diferencia de energía entre ambas órbitas o estados.

## 1.3.4 Electrones de valencia

Desde el punto de vista eléctrico, de todas las capas atómicas, la que nos interesa es la última de cada átomo, ya que los electrones que se encuentran en ella son los que determinan las propiedades fisicoquímicas de los elementos y, por tanto, son directamente responsables de los fenómenos eléctricos. Esta última capa de cada átomo se denomina **capa de valencia** y los electrones que se hallan en ella, **electrones de valencia** (Figura 1.8).

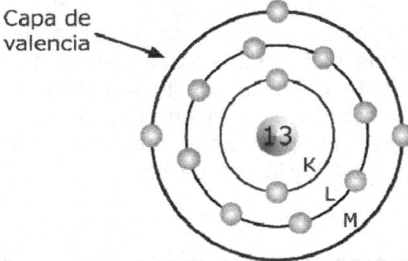

Capa de valencia

*Figura 1.8. Estructura atómica del aluminio. Se observan las capas (K, L, M) en las que se distribuyen los electrones, así como su capa de valencia (M), con sus tres electrones*

En función del número de electrones de valencia que tenga un elemento, desde el punto de vista eléctrico, éstos pueden clasificarse en conductores, aislantes y semiconductores.

# 1.3.5 Aislantes y conductores

Como acabamos de ver, son los **electrones de valencia** los que nos interesan desde el punto de vista eléctrico. Los materiales podrán clasificarse como conductores, aislantes y semiconductores:

- **Conductores:** son buenos conductores de la electricidad y están formados por átomos que poseen menos de 4 e⁻ de valencia, como los **metales**. Aquéllos que poseen un solo electrón de valencia son, en general, los mejores conductores, como el platino (Pt) o el cobre (Cu). En los elementos metálicos los electrones de la capa de valencia de un átomo tienen gran facilidad para entrar en la capa de valencia de otro átomo vecino. De este modo tenemos en un metal una cantidad enorme de electrones pasando de átomo en átomo. Esta nube electrónica será la responsable de los efectos eléctricos que se observan en los metales cuando se someten a un campo eléctrico.

- **Aislantes:** son materiales que conducen mal la electricidad y están formados por átomos que poseen más de 4 e⁻ de valencia; como el azufre (6), el cloro (7), el fósforo (5)... Los átomos que poseen 8 electrones en su última capa (gases nobles) son muy estables, por lo que es muy difícil observar fenómenos eléctricos en ellos.

- **Semiconductores:** son aquéllos cuyas propiedades eléctricas se encuentran entre las de conductores y aislantes. Están formados por átomos con 4 electrones de valencia, como el silicio o el germanio. Estos elementos resultan esenciales en la electrónica moderna. Con Si y Ge se construyen diodos y transistores, que constituyen la base de la electrónica digital. Sin el uso de los semiconductores no podríamos entender ni la electrónica ni la informática tal cual hoy la conocemos.

# 1.4 ELECTRICIDAD ESTÁTICA Y DINÁMICA

Según la actividad que presenten las cargas eléctricas, la electricidad puede clasificarse en estática y dinámica. A continuación veremos las propiedades más características de cada una de ellas.

## 1.4.1 Electricidad estática

La electricidad estática se produce por la acumulación de cargas en una zona del material. Los materiales cargados, para volver a su condición de equilibrio eléctrico, necesitan descargarse; esto hace que pueda producirse una descarga eléctrica cuando dicho objeto se pone en contacto con otro.

Cuando se carga un material se está acumulando carga en una región del mismo. La forma más sencilla de cargar la materia es por frotamiento. Si el material adquiere una carga muy elevada, los electrones pueden pasar a otro cuerpo sin necesidad de que haya un contacto físico entre ellos. En este caso la descarga eléctrica forma un arco luminoso, como puede verse en los rayos durante las tormentas.

## 1.4.2 Electricidad dinámica

Para que la electricidad nos sea realmente útil es necesario que ésta permanezca en movimiento.

En 1799, Volta inventó la pila eléctrica y, de este modo, a medida que la corriente eléctrica circula por el circuito, los electrones que salen del polo negativo de la pila son sustituidos por igual cantidad de electrones del conductor, que entran por el polo positivo de la misma (Figura 1.9). Fue precisamente la invención de la pila, como fuente de electricidad constante, la que permitió dar el pistoletazo de salida al estudio de la electricidad y de los circuitos eléctricos.

*Figura 1.9. Pila de Volta*

# 1.4.3 Campo eléctrico y diferencia de potencial

Toda carga eléctrica, sea positiva o negativa, altera eléctricamente el espacio que la rodea. Podemos decir, por tanto, que un **campo eléctrico** es la zona del espacio en la que pueden manifestarse las fuerzas eléctricas. Una carga, $q$, generará en el espacio que la rodea un campo eléctrico, $E$, de valor:

$$E = \frac{K \cdot q}{r^2}$$

Donde $K$ es la constante de Coulomb, que depende del tipo de medio en el que se encuentra la carga $q$. En el vacío, su valor es $9 \cdot 10^9$ $Nm^2C^{-2}$. La letra $r$ es la distancia entre el punto de medida y la carga eléctrica. En el Sistema Internacional su unidad es el N/C o en V/m.

Cuando en el espacio existe más de una carga eléctrica, el campo eléctrico total en un punto cualquiera del mismo será la suma vectorial del campo creado por cada una de las cargas en dicho punto (Figura 1.10).

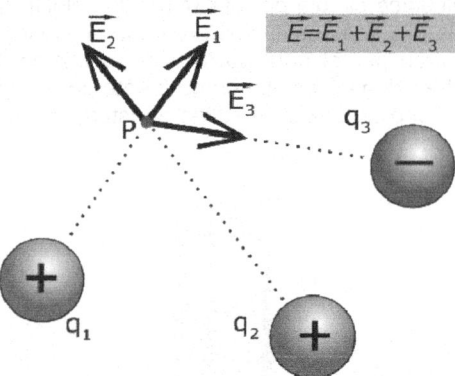

Figura 1.10. *Campo eléctrico creado por varias cargas. Cuando existen varias cargas eléctricas, el campo total en un punto, E, es la suma vectorial de los campos creados por cada una de las cargas*

Como ya hemos dicho, todos los materiales son eléctricamente neutros, como los átomos que los forman; sin embargo, también sabemos que existen cationes y aniones. Esto es posible porque siempre puede aplicarse una fuerza suficientemente grande como para poder arrancar uno o varios electrones a un átomo; electrones que ganarán otros átomos.

Según lo anterior, cuando una carga $q'$ se introduce en el interior de un campo eléctrico $E$, generado por otra carga $q$, la **fuerza eléctrica** de atracción o repulsión que experimenta es (Ley de Coulomb):

$$F = \frac{K \cdot q \cdot q'}{r^2} = E \cdot q'$$

Como el trabajo es el producto de la fuerza ($F$) y la distancia ($r$), resulta que el trabajo eléctrico que se realiza para trasladar la carga $q'$ una distancia $r$ en el interior de un campo $E$, es:

$$W = \frac{K \cdot q \cdot q'}{r} = E \cdot r \cdot q'$$

Llegados a este punto podemos ya definir el **potencial eléctrico**, $V$, en un punto, como el trabajo por unidad de carga que debe realizar una fuerza eléctrica para trasladar una carga positiva desde el infinito hasta dicho punto.

$$V = \frac{W}{q'}$$

Es decir, que el potencial eléctrico $V$ que una carga $q$ crea a una distancia $r$ es:

$$V = \frac{K \cdot q}{r}$$

Será positivo o negativo en función de cómo sea la carga. En el Sistema Internacional el potencial se mide en **voltios, V**.

Si existen varias cargas eléctricas, como se mostró en la Figura 1.10, el potencial en cualquier punto se calcula como la suma de los potenciales individuales en ese punto creados por cada una de las cargas. La **diferencia de potencial**, que sólo puede existir entre dos puntos, digamos $A$ y $B$, será entonces:

$$V_{AB} = V_B - V_A$$

Una fuente de voltaje, como una pila, una batería o un generador, es un elemento eléctrico que entre sus bornes posee un importante campo eléctrico, consecuencia de la diferente distribución de cargas. Uno de los bornes posee mayor número de cargas positivas y, el otro, de cargas negativas; razón por la cual las cargas negativas tienden a movilizarse hacia el borne positivo para alcanzar el equilibrio eléctrico. Cuando una fuente de voltaje se une a un conductor, los electrones libres de éste se movilizan desde el borne de mayor potencial de cargas negativas hacia el borne de mayor potencial de cargas positivas, lo que genera una **corriente eléctrica** (Figura 1.11). Tenemos que recordar, y es importante, que **voltaje, tensión eléctrica** y **diferencia de potencial**, hacen referencia al mismo concepto.

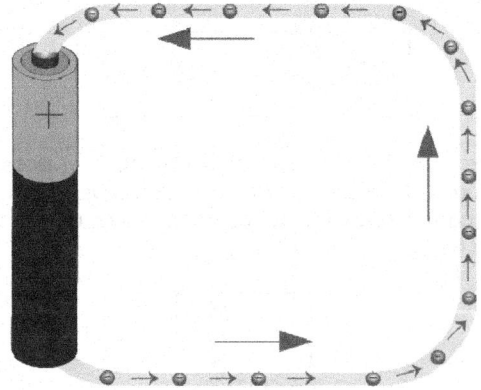

*Figura 1.11. Circulación de e⁻ en un circuito eléctrico*

# 1.5 FORMAS DE PRODUCIR ENERGÍA ELÉCTRICA

## 1.5.1 Electricidad estática

Quizá la forma más antigua que conoció el hombre de experimentar fenómenos eléctricos fue con la fricción o frotación. La Historia dice que fue Tales de Mileto quien observó dicho fenómeno al frotar un trozo de ámbar con un trozo de piel. Tras la frotación observó que podían atraerse pequeños objetos y llamó a esa fuerza invisible *elektron* –ámbar–.

Voluntaria o involuntariamente podemos poner de manifiesto este fenómeno. Si frotamos una barra de plástico contra una tela de franela y lo acercamos a continuación a unos trocitos de papel, observaremos cómo éstos son atraídos por el plástico (Figura 1.12). Del mismo modo, si pasamos un cepillo de plástico sobre el cabello seco y después lo acercamos al hilillo de agua que cae de un grifo, también se verá cómo aquél atrae al agua (Figura 1.12).

*Figura 1.12. Evidencias de la existencia de la electricidad estática. La forma más sencilla de experimentar fenómenos eléctricos es por frotación*

Éstas son manifestaciones de la electricidad estática. Al frotar el plástico rápidamente éste gana electrones; hecho por el cual se ponen de manifiesto los fenómenos eléctricos asociados.

Otras situaciones cotidianas por las que pueden electrizarse los cuerpos no conductores y conductores no derivados a tierra son:

- La fricción con el aire de un vehículo en movimiento.

- El roce de una prenda de lana con la piel.

- Caminar sobre determinados tejidos o materiales plásticos.

- El roce de las nubes con el aire.

Esta electricidad, aunque tiene alguna utilidad en determinados procesos industriales como la **xerografía** es, sin embargo, mucho más problemática y puede causar graves pérdidas en innumerables aplicaciones industriales; así como ser capaz de provocar averías y disfunciones en componentes y equipos electrónicos.

Aunque esta forma de electricidad estacionaria es la primera que el hombre conoció, es de difícil aplicación y dosificación, por lo que no puede emplearse para consumo doméstico.

## 1.5.2 Por vibración o presión

Algunos cristales; naturales, como el cuarzo o la turmalina o sintéticos, como ciertas cerámicas o polímeros, tienen propiedades piezoeléctricas; es decir, son capaces de convertir la energía mecánica procedente de una presión o vibración sobre ellos en energía eléctrica. A este fenómeno se le conoce como **piezoelectricidad**.

Una de las aplicaciones más extendidas son los encendedores electrónicos. En su interior poseen un cristal piezoeléctrico que es golpeado bruscamente por el mecanismo de encendido. Esta presión provoca una elevada concentración de carga que genera un arco voltaico o chispa que enciende el mechero.

Otra aplicación importante de la piezoelectricidad es la utilización de cristales como sensores de vibración. De tal modo que puede convertirse fácilmente una vibración mecánica en una señal eléctrica lista para amplificarse (tocadiscos, guitarras eléctricas, etc.).

## 1.5.3 Por luz o calor

Es posible obtener electricidad a partir de energía radiante: luz y calor. Mediante la luz del sol y con el empleo de **células solares** o **fotovoltaicas** podemos obtener una corriente eléctrica.

La **célula solar** es un dispositivo semiconductor capaz de convertir la luz solar en electricidad de una forma directa e inmediata. Una forma más general de célula solar, que aprovecha tanto los fotones del Sol como los de otras fuentes artificiales, como una bombilla, se denomina célula fotovoltaica.

Las células solares tienen muchas aplicaciones. Son particularmente interesantes, y han sido históricamente utilizadas, para producir electricidad en lugares donde no llega la red de distribución eléctrica; tanto en áreas remotas de la Tierra como del Espacio, haciendo posible el funcionamiento de todo tipo de dispositivos. Ensambladas en paneles o módulos y dispuestas sobre los tejados de las casas y por medio de un inversor, pueden inyectar la electricidad generada en la red de distribución para el consumo, lo que favorece la producción global de energía primaria de un país, de manera limpia y sostenible.

La **célula fotovoltaica** más común consiste en una delgada lámina de un material semiconductor compuesto principalmente por silicio, que al ser expuesto a la luz, absorbe fotones con suficiente energía como para que se produzca un tránsito de electrones a niveles energéticos superiores. Al desprenderse éstos (n) originan la aparición de huecos, con cargas positivas (p).

Como los electrones tienden a concentrarse del lado de la placa donde incide la luz solar, se genera un campo eléctrico con dos zonas bien diferenciadas: la negativa, de la cara iluminada donde están los electrones y la positiva, en la cara opuesta, donde están los huecos. Si ambas zonas se conectan eléctricamente mediante conductores adheridos a cada una de las caras se origina una fuerza electromotriz o diferencia de potencial y se crea una corriente eléctrica. Dicha corriente, obviamente continua, se genera en un proceso constante mientras actúe la luz sobre la cara sensible de la lámina (Figura 1.13).

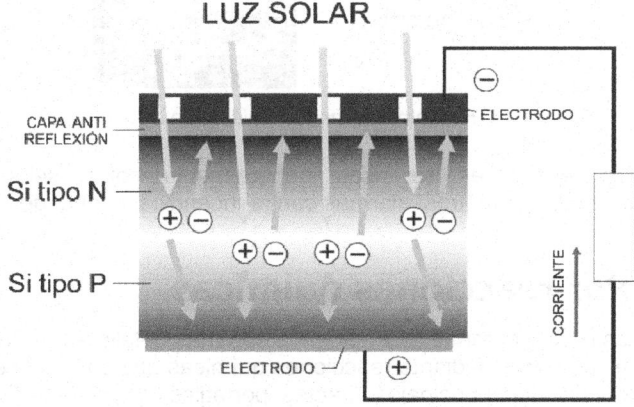

*Figura 1.13. Funcionamiento de una célula fotovoltaica*

Es posible también obtener electricidad de otra forma de energía radiante: el calor. Existen materiales que tienen la particularidad de convertir variaciones de temperatura en electricidad, fenómeno conocido como **efecto termoeléctrico**. El componente que produce un voltaje a partir de una diferencia de temperatura entre un extremo denominado punto caliente y un extremo llamado punto frío, se denomina **termopar**. Éste está formado por la unión de dos alambres conductores diferentes (Figura 1.14).

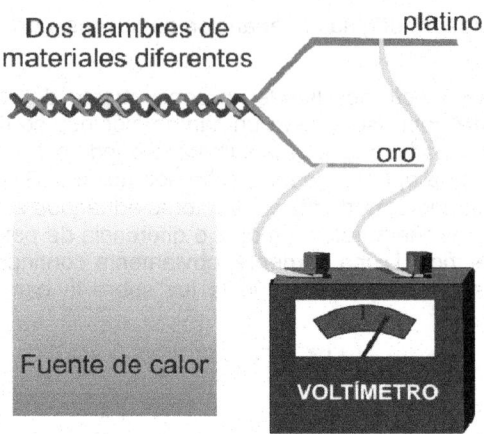

*Figura 1.14. Esquema de funcionamiento de un termopar*

Los termopares se usan generalmente como sensores de temperatura en: termómetros, alarmas contra incendios, control de hornos...

# 1.5.4 Por reacciones químicas

Las pilas y baterías, que veremos con más detalle en el Capítulo 7, producen electricidad mediante reacciones químicas que se producen en su interior. Son las dos principales fuentes portátiles de corriente continua. Aprovechan las **reacciones redox** que ocurren en ellas para provocar una acumulación de cargas positivas y negativas en cada uno de sus terminales; lo que genera una tensión constante que es capaz de movilizar una corriente eléctrica a lo largo de un circuito. Sus terminales: ánodo (+) y cátodo (–), están separados por una solución conductora líquida o sólida que llamamos electrolito.

Aunque para comprender cómo se produce una fuerza electromotriz, en adelante *fem*, se necesitan sólidos conocimientos de química, intentaremos explicarlo con un ejemplo de una forma sencilla para que el lector pueda hacerse una idea de cómo obtienen las pilas la corriente que suministran. Supongamos que tomamos dos vasos de precipitados a los que añadimos sendas disoluciones acuosas de sulfato de cinc ($ZnSO_4$) y sulfato cúprico ($CuSO_4$). Ambos recipientes se unen mediante un puente salino que permitirá la libre circulación de los aniones sulfato ($SO_4^{2-}$). Si en el primero introducimos un electrodo de Zn y en el segundo uno de Cu, entonces, como el Zn es un metal más reductor, se producirá la siguiente reacción redox:

$$Zn + Cu^{2+} \ \square \ \ Zn^{2+} + Cu$$

La reacción produce un potencial estándar de 0,34 V + 0,76 V = 1,10 V. Como se observa, el electrodo de cinc se va disolviendo en su disolución, mientras que el de cobre va aumentando de masa. El **ánodo**, por definición, es aquél electrodo en donde se produce la **oxidación**. En esta pila que acabamos de describir, que se conoce como pila Daniel (1836), el ánodo lo constituye el electrodo de Zn. Los electrones circularán desde éste al de cobre (Figura 1.15).

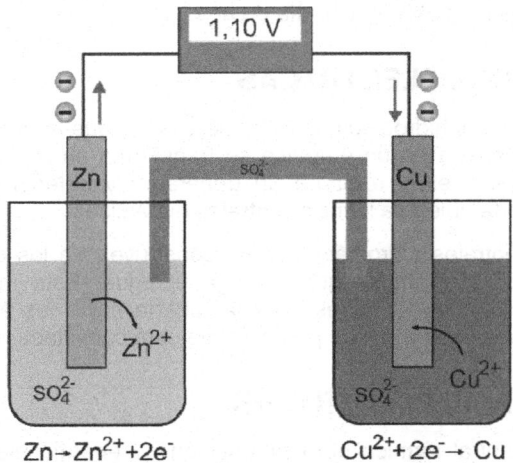

*Figura 1.15. Obtención de una fem mediante una reacción redox*

# 1.5.5 Centrales eléctricas

Una central eléctrica es, esencialmente, una instalación capaz de convertir, a escala industrial, la energía mecánica obtenida mediante otras fuentes de energía primaria, renovables o no, en la energía eléctrica que consumiremos en nuestros hogares e industrias.

En general, la energía mecánica procede de la transformación de la energía térmica suministrada al agua por la combustión de gas natural, carbón, fuel, la fisión del uranio o por la radiación directa del sol; de la energía potencial del agua almacenada en un embalse, o de la acción del viento sobre los álabes de los aerogeneradores.

Para convertir la energía mecánica en eléctrica las centrales poseen unos generadores, de forma que cuando el rotor gira movido por las turbinas, se induce una fem alterna en el circuito conectado a él. En el Capítulo 4 veremos un poco más en detalle estos aspectos.

La turbina, por tanto, es la encargada de hacer girar el rotor del generador y aquélla es, a su vez, accionada por la energía mecánica del vapor de agua a alta presión o directamente por un salto de agua, como en las presas.

Como este libro es una aproximación a la electricidad, no describiremos desde el punto de vista de la ingeniería civil cada una de las instalaciones; si no que, conocidos los aspectos fundamentales de cómo se obtiene la electricidad, nos fijaremos en las características diferenciales de las instalaciones más utilizadas a día de hoy.

## 1.5.5.1 HIDROELÉCTRICAS

Una central hidroeléctrica es aquélla en la que la energía potencial del agua almacenada en un embalse se transforma en la energía cinética necesaria para mover el rotor de un generador y obtener una corriente alterna. Por ello también se llaman centrales hidráulicas.

Las centrales hidroeléctricas se construyen en los cauces de los ríos para crear un embalse que retenga el agua. Esta masa de agua embalsada se conduce a través de una tubería hacia los álabes de una turbina, que suele estar a pie de presa, y que está conectada al generador.

## 1.5.5.2 TERMOELÉCTRICAS

Una central térmica para producción de energía eléctrica es una instalación en la que la energía mecánica que se necesita para mover el rotor del generador se obtiene a partir del vapor formado en la ebullición del agua en una caldera. El vapor generado a una gran presión se guía a las turbinas para que en su expansión sea capaz de mover los álabes de las mismas.

Las denominadas termoeléctricas clásicas son: de carbón, de fuel y de gas natural. En dichas centrales la energía de la combustión de estos combustibles fósiles se emplea para transformar el agua líquida en vapor.

## 1.5.5.3 NUCLEARES

Una central nuclear es una central térmica. La diferencia fundamental entre las centrales térmicas nucleares y las térmicas clásicas reside en la fuente energética utilizada. En las primeras, el uranio y en las segundas, los combustibles fósiles. Es, por tanto, una instalación en la que la energía térmica se obtiene de las reacciones de fisión en el combustible nuclear.

El uranio se encuentra en el interior de una vasija herméticamente cerrada. El calor generado en el combustible del reactor se transmite después a un refrigerante que se emplea para producir el vapor de agua que moverá los álabes de la turbina.

## 1.5.5.4 SOLARES

Una central solar es aquella instalación en la que se aprovecha la radiación solar para producir energía eléctrica. Este proceso puede realizarse mediante dos vías:

- **Fotovoltaica:** hacen incidir las radiaciones solares sobre una superficie de un cristal semiconductor, llamada, como hemos visto, célula solar, y producir una corriente eléctrica continua.

- **Fototérmica:** en las centrales solares que emplean el proceso fototérmico, el calor de la radiación solar calienta un fluido que, en un intercambiador de calor, producirá vapor de agua que se dirige hacia la turbina para generar energía eléctrica. El proceso de captación y concentración de la radiación solar se efectúa en unos espejos, llamados helióstatos, que actúan automáticamente para seguir la variación de la orientación del Sol respecto a la Tierra.

## 1.5.5.5 EÓLICAS

Una central eólica es un conjunto de aerogeneradores. En éstos la energía cinética del viento se puede transformar en energía cinética de rotación. Constan de una torre en cuya parte superior existe un rotor con múltiples palas que se orientan según la dirección del viento. Los álabes giran alrededor de un eje horizontal que actúa sobre el generador de electricidad.

# Capítulo 2

# CONCEPTOS BÁSICOS SOBRE CIRCUITOS

## 2.1 ¿QUÉ ES UN CIRCUITO ELÉCTRICO?

Un circuito eléctrico es un conjunto de elementos conectados de manera que proporcionan al menos un camino cerrado que permite la circulación de los electrones para realizar un trabajo. Si la trayectoria no es cerrada, los electrones no podrán circular.

Existen **tres** elementos básicos que deben existir en todo circuito (Figura 2.1):

- Un **generador**, que suministre la tensión necesaria para que se dé una corriente eléctrica. Puede ser una pila, una batería o cualquier otro elemento que proporcione una fuente de tensión.

- Un elemento **conductor** de la corriente eléctrica, que llevará los electrones desde un extremo de la fuente de voltaje hasta el otro. Pueden ser simples cables que unan los distintos elementos o las pistas de cobre de un circuito impreso.

- Uno o varios elementos **receptores**, que se encargarán de convertir la energía eléctrica en otra forma de energía o de transformar una señal eléctrica de un tipo en otro. Puede ser un motor, una bombilla, un altavoz, o cualquier otro elemento.

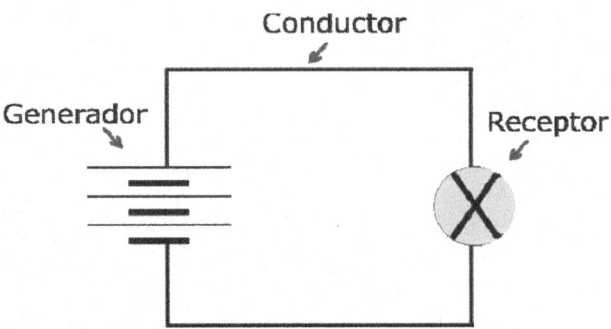

*Figura 2.1. Elementos mínimos de un circuito eléctrico*

Adicionalmente pueden existir en los circuitos elementos de seguridad y protección, como los fusibles; o de control de la corriente eléctrica, como los interruptores.

## 2.2 EL GENERADOR

Los generadores, sean de corriente continua o alterna, suministran la fuerza necesaria para impulsar a los electrones que forman la corriente eléctrica a lo largo de un circuito. Esta fuerza, como ya se vio en el capítulo anterior, es el **voltaje**.

## 2.2.1 El voltaje

Para mover los electrones libres de los elementos conductores que forman los circuitos, se requiere una fuerza que realice dicha función. Esta fuerza, **voltaje**, es suministrada por la fuente de tensión, el generador, que posee una diferencia de potencial entre sus bornes como consecuencia de una acumulación de cargas entre ellos (Figura 1.11, página 26). Los símbolos que utilizamos en electrónica para referirnos a una pila o batería son:

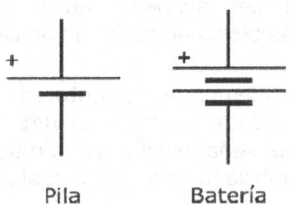

Pila          Batería

La tensión eléctrica en un circuito recibe diferentes nombres dependiendo de su naturaleza:

- El voltaje entre los bornes de la fuente de alimentación se denomina **fuerza electromotriz, fem**.

- La tensión entre los bornes del receptor o entre dos puntos cualesquiera de un circuito lo llamamos **diferencia de potencial, ΔV o ddp**.

La tensión que alimenta los circuitos eléctricos puede ser de dos tipos:

- Si la corriente eléctrica circula siempre en el mismo sentido, decimos que es **continua** (CC), como la suministrada por pilas y baterías.

- Si los electrones alternan continuamente el sentido de circulación, se dice que la corriente es **alterna** (CA), como la que llega a los enchufes de nuestras casas.

## 2.2.2 Unidad de medida

La unidad de medida del voltaje, como ya conocemos del capítulo anterior, es el **voltio (V)**. En electricidad y electrónica, además del voltio, empleamos unidades mayores, múltiplos; y menores, submúltiplos.

En la tabla 2.1, en la siguiente página, se recogen los múltiplos y submúltiplos del voltio.

## 2.2.3 ¿Cómo se mide el voltaje?

El voltaje se mide utilizando un instrumento denominado **voltímetro**. Debemos tener la precaución de conectarlo en **paralelo** con el elemento en el que vamos a realizar la medición. Antes de realizar la medida es necesario seleccionar un rango superior al voltaje que deseamos medir para evitar dañar de manera irreversible el elemento de medida. Según el valor leído puede bajarse la escala hasta obtener la mejor lectura.

El símbolo que se utiliza en electrónica para un voltímetro es:

Tabla 2.1. Múltiplos y submúltiplos del voltio

| | PREFIJO | SÍMBOLO | FACTOR DE MULTIPLICACIÓN |
|---|---|---|---|
| Múltiplos | Megavoltio Kilovoltio | MV kV | x1.000.000 x1.000 |
| Unidad fundamental | Voltio | V | x1 |
| Submúltiplos | Milivoltio Microvoltio | mV µV | x0,001 x0,000001 |

# 2.3 LOS CONDUCTORES

Los conductores son los elementos del circuito que conectan el resto de componentes y que proporcionan un camino de baja resistencia para que los electrones cierren el circuito. La capacidad de un material para conducir la corriente eléctrica depende en gran medida del número de electrones libres que posean sus átomos. Como ya vimos en el Capítulo 1, los mejores conductores son aquellos que poseen menos de cuatro electrones en la capa de valencia, como el aluminio, la plata o el cobre.

## 2.3.1 Resistencia eléctrica

La totalidad de materiales, sean aislantes o conductores, ofrecen una cierta oposición al paso de la corriente eléctrica. Este grado de oposición al paso de los electrones a través de los materiales lo llamamos **resistencia eléctrica**.

Los materiales aislantes poseen una resistencia muy elevada y los conductores muy baja. Dicho de otra manera, todos los materiales ofrecen resistencia eléctrica; la única diferencia es que los aislantes ofrecen un valor muy elevado.

La resistencia de un conductor ($R$) depende de su longitud ($l$), de su sección ($S$) y del tipo de material:

$$R = \rho \cdot \frac{l}{S}$$

Donde ρ (rho) es la **resistividad** del material y se mide en el S.I. en $\Omega \cdot m$.

La inversa de la resistividad la denominamos **conductividad** y se representa con la letra σ (sigma). Su unidad es el siemens por metro (S/m).

La unidad que empleamos para medir la resistencia de un cuerpo se llama **ohmio**, y se representa con la letra griega omega ($\Omega$). A mayor número de ohmios, mayor será el grado de oposición al paso de la corriente y, por tanto, habrá menos corriente. Al igual que en el caso del voltaje, en electricidad y electrónica empleamos valores mayores que el ohmio, por lo que utilizaremos múltiplos del mismo como se recogen en la tabla 2.2.

*Tabla 2.2. Múltiplos del ohmio*

|  | PREFIJO | SÍMBOLO | FACTOR DE MULTIPLICACIÓN |
|---|---|---|---|
| Múltiplos | Megaohmio<br>Kilohmio | $M\Omega$<br>$k\Omega$ | x1.000.000<br>x1.000 |
| Unidad fundamental | Ohmio | $\Omega$ | x1 |

## 2.3.2 ¿Cómo se mide la resistencia?

La resistencia eléctrica se mide con un **óhmetro** o con un polímetro que posea dicha función. Se conecta a la resistencia que quiere medirse sin importar la polaridad; ahora bien, como norma de precaución, nunca debe medirse la resistencia en un circuito por la cual esté circulando corriente.

## 2.4 LOS RECEPTORES

Los receptores son los elementos que reciben la energía eléctrica de la fuente de alimentación del circuito y la convierten en otras señales eléctricas o en otras formas de energía. Son receptores los motores, bombillas, resistencias, condensadores, zumbadores, diodos o, en general, cualquier componente electrónico que consuma energía en el circuito.

## 2.5 LA CORRIENTE ELÉCTRICA

A estas alturas ya sabemos que la corriente eléctrica es la circulación de electrones a través de un elemento conductor. El e⁻ es la partícula subatómica más pequeña y su carga eléctrica es -1,6 · $10^{-19}$ C. Todos los cuerpos en el Universo presentarán una carga que será un múltiplo de la carga del electrón. Como su carga eléctrica es tan pequeña, se requiere una enorme cantidad de aquéllos para provocar una minúscula corriente. Esta es la causa por la que se ha definido la unidad fundamental de carga eléctrica, $Q$, como **culombio (C)**, que equivale a la carga eléctrica de 6,3 · $10^{18}$ e⁻.

Se llama **intensidad** de corriente, $I$, a la cantidad de carga eléctrica que atraviesa un conductor en un segundo.

$$I = \frac{Q}{t}$$

La unidad de intensidad de corriente en el S.I. es el **amperio (A)**.

Debemos señalar que la corriente siempre partirá del polo negativo de la fuente de tensión, recorrerá todo el circuito eléctrico y volverá a entrar en la fuente por el polo positivo (Figura 1.11 y Figura 2.2A). Antes de la existencia de la teoría atómica se pensaba que la corriente circulaba en sentido contrario; lo que es falso, obviamente. No obstante lo anterior, se sigue empleando en electrónica el *sentido convencional*; así pues, a lo largo de la obra dibujaremos la intensidad de corriente como una flecha que parte del polo positivo de la fuente (Figura 2.2B).

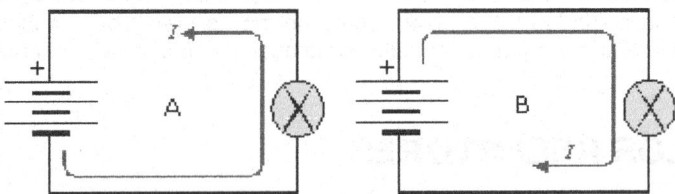

*Figura 2.2. Circulación de la corriente en un circuito. La corriente circula realmente en el sentido marcado en el circuito A. El sentido convencional se representa en el B*

En los circuitos se manejan generalmente corrientes inferiores a 1 A, por lo que se utiliza bastante a menudo submúltiplos del amperio (Tabla 2.3).

*Tabla 2.3. Submúltiplos del amperio*

| | PREFIJO | SÍMBOLO | FACTOR DE MULTIPLICACIÓN |
|---|---|---|---|
| Unidad fundamental | Amperio | A | x1 |
| Submúltiplos | Miliamperio Microamperio | mA μA | x0,001 x0,000001 |

## 2.5.1 ¿Cómo se mide la intensidad?

La intensidad de corriente que circula por un circuito o por un receptor determinado se mide con un instrumento llamado **amperímetro**. Es necesario recordar *siempre* que éste se conecta en **serie**, de tal forma que obligamos a la corriente a circular a través del amperímetro y, por tanto, éste nos dará la medida correcta. En electrónica empleamos el siguiente símbolo para identificar a un amperímetro:

## 2.6 EL POLÍMETRO

Es muy habitual, por facilidad de uso y precio asequible, emplear un único instrumento en electricidad o electrónica para realizar todas las medidas aquí mostradas. Este aparato se conoce como **multímetro, polímetro** o **tester** y le veremos con detalle en el Capítulo 9. Todos los polímetros (analógicos y digitales) realizan como mínimo medidas de tensión (V) e intensidad (A) en corriente continua y alterna, así como medidas de resistencia (Ω). Algunos, además, poseen funciones adicionales, como comprobación de diodos y transistores e, incluso, son capaces de medir frecuencias o temperatura (Figura 2.3).

*Figura 2.3. Multímetro digital. Además de tensión, corriente, resistencia y comprobación de diodos y transistores, algunos modelos, como el de la imagen, pueden medir temperatura, humedad e intensidad de luz y sonido*

# Capítulo 3

# LEYES BÁSICAS DE LOS CIRCUITOS

## 3.1 LA LEY DE OHM

La corriente, la tensión y la resistencia eléctricas están relacionadas a través de la **ley de Ohm**. Esta ley, que veremos a continuación, es la más sencilla y utilizada en electricidad y electrónica; por ello, debe dominarse a la perfección para enfrentarse al análisis de cualquier circuito.

Antes de conocer la ley de Ohm, es conveniente que recordemos qué es y cómo funciona un circuito. Como ya dijimos, un **circuito** es una combinación de elementos que conforman una trayectoria cerrada para que puedan circular los electrones y producir un determinado efecto. Cualquier circuito necesita, como mínimo, tres elementos básicos:

- Una fuente de energía, que suministra la fuerza necesaria, tensión o potencial, para movilizar a los electrones a lo largo del circuito.

- Un conjunto de conductores de la corriente eléctrica por los que circularán los electrones.

- Uno o varios elementos receptores o cargas que se encargarán de convertir la electricidad en otra forma de energía.

Llegados a este punto podemos ya formular la **ley de Ohm**. Georg Simon **Ohm** (1789-1854), físico alemán, encontró que en un circuito formado por una fuente de alimentación (*V*) y una resistencia pura (*R*) se cumplía que:

> "La intensidad de corriente eléctrica (*I*) que circula por un circuito es directamente proporcional a la caída de tensión (*V*) e inversamente proporcional a la resistencia (*R*) del mismo."

Matemáticamente esta relación puede escribirse con la siguiente fórmula:

$$I = \frac{V}{R}$$

Donde:

- *I* es la corriente eléctrica, en amperios, que circula por el circuito.

- *V*, la caída de tensión en voltios.

- *R*, la resistencia eléctrica en ohmios.

Para poder aplicar esta ecuación se necesita siempre conocer previamente dos magnitudes. Así, si es necesario calcular *I*, tendrá que saberse *R* y *V*; si se tiene que hallar *V*, debe localizarse antes *I* y *R*; y si se necesita la resistencia, *R*, deberá tenerse antes *I* y *V*. Dicho de otro modo, si se despeja *V* y *R* de la ley de Ohm, tendremos otras dos relaciones:

$$R = \frac{V}{I}$$

$$V = I \cdot R$$

## 3.1.1 El triángulo de la ley de Ohm

Las tres formas en que podemos escribir la ley de Ohm pueden recordarse fácilmente empleando lo que se conoce como triángulo de la ley de Ohm (Figura 3.1).

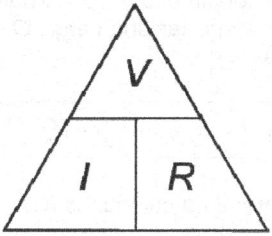

*Figura 3.1. Triángulo de Ohm*

Para utilizarlo se debe tapar con un dedo la magnitud que queremos hallar. Las otras dos que quedan descubiertas indican la multiplicación o división que se debe realizar para conocer el resultado. Es decir:

- Para calcular la intensidad se tapa con un dedo la letra *I*. Se obtiene entonces, *V/R* (Figura 3.2A).

- Para hallar la tensión se oculta la letra *V*. Resulta I · R (Figura 3.2B).

- Para obtener la resistencia se tapa *R*. Se halla, entonces, *V/I* (Figura 3.2C).

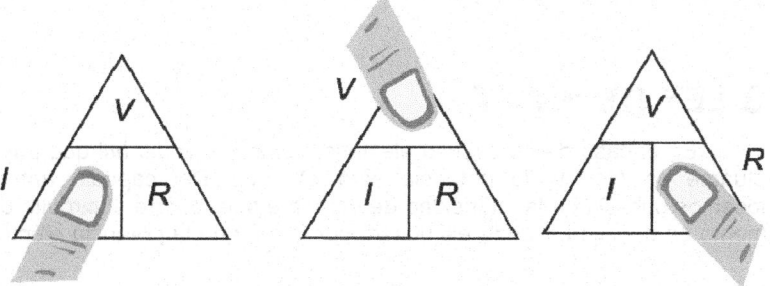

*Figura 3.2. Utilización del triángulo de la ley de Ohm*

## 3.2 POTENCIA ELÉCTRICA

Como ya conoce, los electrones se mueven en un circuito eléctrico como consecuencia de la fuerza que les transmite el generador de tensión. Aparece, por tanto, un **trabajo eléctrico** (*W*) que es función de la cantidad de carga que se mueve en el circuito y de los potenciales entre los que se desplaza aquélla. Así, al transportar una carga *Q* entre los potenciales $V_1$ y $V_2$, el trabajo que se efectúa es:

$$W = Q \cdot (V_2 - V_1)$$

Si la carga se expresa en culombios (C) y los potenciales en voltios (V), el trabajo se medirá en **Julios** (J).

Siempre que se realiza un trabajo útil aparece asociado el concepto de **potencia**. En el caso de los circuitos eléctricos, como la corriente eléctrica puede aprovecharse para producir un trabajo, como encender una bombilla o mover las aspas de un ventilador, podemos hablar también de potencia eléctrica. En cualquier caso, es posible tener dos sistemas que efectúen el mismo trabajo en tiempos distintos. Definimos así el concepto de **potencia** (*P*), como el trabajo útil (*W*) que se efectúa en la unidad de tiempo (*t*).

$$P = \frac{W}{t}$$

La unidad de potencia en el Sistema Internacional es el julio por segundo (J/s). Ésta se denomina **vatio** (W), en honor de James Watt, inventor de la máquina de vapor.

## 3.3 LEY DE WATT

En el caso de un circuito eléctrico, como el trabajo útil que puede efectuarse es *Q* · *V*, la potencia será *Q* · *V*/*t*. Del capítulo anterior conocemos que *Q*/*t* es la intensidad de corriente que recorre el circuito o el elemento en cuestión. Puede escribirse, por tanto, que la potencia eléctrica es:

Donde:

$$P = I \cdot V$$

- *P* es la potencia eléctrica en vatios (W).

- *I* es la intensidad de corriente en amperios (A).

- *V* es la tensión en voltios (V).

La potencia se mide en electricidad empleando un instrumento que se llama **vatímetro**. En electrónica se suele emplear un **polímetro** para conocer el valor de la potencia que un determinado receptor disipa durante su funcionamiento. Se miden la caída de tensión que se produce en el receptor y la intensidad que recorre el mismo. La potencia se obtiene directamente por aplicación de la ley de Watt.

## 3.3.1 El triángulo de la ley de Watt

Al igual que con la ley de Ohm, podemos usar un triángulo para representar la ley de Watt. El objetivo es recordar fácilmente las relaciones conocidas las otras dos (Figura 3.3).

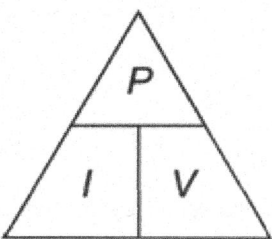

*Figura 3.3. Triángulo de Watt*

Para usar este triángulo, como en el de Ohm, tapamos con un dedo la magnitud que queremos hallar y se hace la multiplicación o división que quede indicada. De este modo:

- Para calcular la intensidad, ocultamos *I* y queda *P/V* (Figura 3.4A).

- Para hallar la potencia, tapamos con un dedo *P* y queda *I · V* (Figura 3.4B).

- Para encontrar la tensión, tapamos *V* y se obtiene *P/I* (Figura 3.4C).

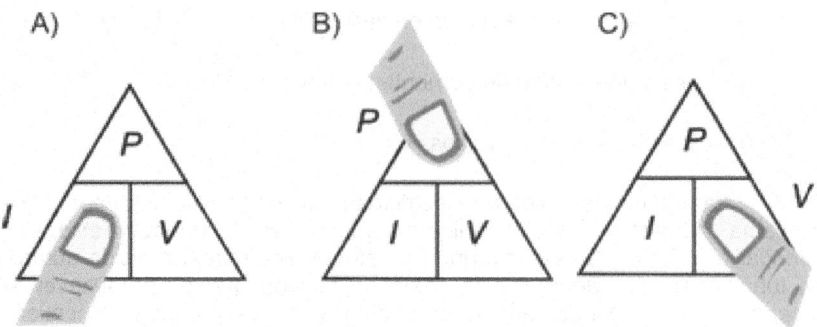

*Figura 3.4. Utilización del triángulo de la ley de Watt*

# 3.4 USO DE LAS LEYES DE OHM Y WATT

Las leyes de Watt y Ohm se pueden combinar matemáticamente para obtener otras relaciones útiles que nos permitan calcular cualquiera de las magnitudes descritas: *I, V, R* y *P*; conocidas otras dos de ellas. Recordemos ambas leyes:

- Ley de Ohm: $V = I \cdot R$

- Ley de Watt: $P = I \cdot V$

Sustituyendo la tensión en la ley de Watt por $I \cdot R$, tenemos:

$$P = I^2 \cdot R$$

Si de la primera ecuación despejamos $I = V/R$ y sustituimos ésta en la segunda, resulta:

$$P = \frac{V^2}{R}$$

A continuación se muestra la circunferencia de ecuaciones, un resumen de las fórmulas vistas hasta ahora (Figura 3.5).

La circunferencia se divide en cuatro cuadrantes. En el centro de cada uno de ellos aparece la magnitud que queremos hallar: *P, I, V, R*. En la corona exterior se incluyen las soluciones para cada magnitud a partir de las dos ya conocidas. Por ejemplo, si deseamos hallar $R$ y como magnitudes conocidas se tienen $V$ y $P$, entonces, $R = V^2/P$.

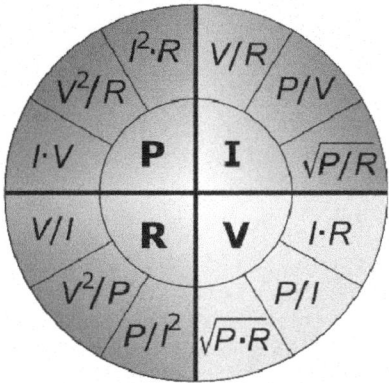

*Figura 3.5. Circunferencia de ecuaciones. Con esta circunferencia pueden calcularse P, I, V y R conocidas dos de las magnitudes*

# Capítulo 4

# ELECTROMAGNETISMO
······················································

## 4.1 EL MAGNETISMO

No puede el lector adquirir unos conocimientos mínimos de electricidad o electrónica sin comprender los fundamentos básicos del electromagnetismo. Son muchísimos los equipos y componentes tecnológicos que funcionan gracias al electromagnetismo: relés, bobinas, transformadores, altavoces, motores, discos duros, equipos de resonancia magnética y tantos y tantos otros.

El **magnetismo** es una fuerza de largo alcance, de atracción o repulsión, que se observa entre algunos materiales. Si el efecto es permanente hablamos de **imanes** permanentes y si es temporal, lo que significa que sólo producen un campo magnético cuando por ellos circula una corriente eléctrica, de imanes temporales, como los **electroimanes**.

Desde la más remota antigüedad se conocía que un mineral, la **magnetita** (Figura 4.1), que recibía su nombre de la ciudad de Magnesia, en el Asia Menor, tenía capacidad de atraer objetos de hierro y de comunicarles por contacto la misma capacidad (imantar).

El conocimiento del magnetismo se mantuvo limitado a los imanes hasta que en 1820 el físico danés Hans Christian θrsted, profesor de la Universidad de Copenhague, descubrió que un hilo conductor por el que circulaba una corriente eléctrica ejercía una perturbación magnética a su alrededor capaz de mover una aguja imantada.

*Figura 4.1. Magnetita. Es un imán natural permanente constituido por un óxido doble de hierro (II) y hierro (III)*

# 4.1.1 ¿Cómo se produce el magnetismo?

La causa subyacente del magnetismo en los cuerpos es la existencia de **dipolos** atómicos magnéticos. En el interior de la materia existen pequeñas corrientes cerradas debidas al movimiento de los electrones en los átomos. Cada una de ellas origina un microscópico imán o dipolo. Cuando éstos se orientan en todas direcciones del espacio sus efectos se anulan mutuamente y el material no presenta propiedades magnéticas (Figura 4.2A); en cambio, si todos los dipolos se alinean en una sola dirección, actúan como un único imán. Decimos en este caso que la sustancia se ha magnetizado (Figura 4.2B).

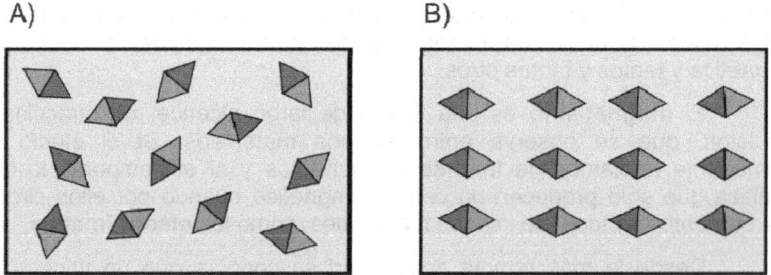

*Figura 4.2. Distribución de los dipolos magnéticos en los materiales*

Las sustancias cuyos dipolos se orientan fácilmente en presencia de un campo magnético se dice que son **paramagnéticas**. Aquellas otras que difícilmente pueden magnetizarse se llaman **diamagnéticas**. Algunos minerales como el hierro, el níquel y el cobalto son extremadamente paramagnéticos y reciben el nombre especial de materiales **ferromagnéticos**.

## 4.1.2 Naturaleza del magnetismo

Cualquier imán posee dos regiones, que llamamos **polos**, en las que la intensidad del campo magnético es mayor (Figura 4.3). Por similitud con nuestro planeta, que se comporta como un gigantesco imán, los polos de los imanes se denominan **norte** y **sur**.

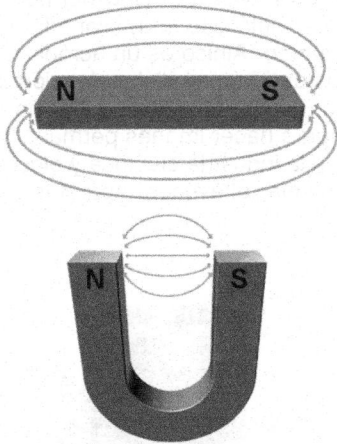

*Figura 4.3. Polos de un imán*

Un principio básico del magnetismo establece que polos de la misma naturaleza (N-N, S-S) se repelen y polos de distinto tipo (N-S, S-N) se atraen. Otra característica de los imanes es la imposibilidad de aislar sus polos; es decir, la existencia del **monopolo** magnético es imposible. Si cortáramos un imán por la mitad, obtendríamos dos nuevos imanes con sus respectivos polos (Figura 4.4).

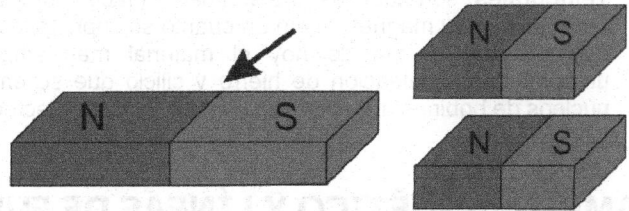

*Figura 4.4. Imposibilidad de aislar el monopolo magnético. Si un imán se corta por la mitad, se obtienen dos nuevos imanes con sus respectivos polos norte y sur*

### 4.1.3 Clases de imanes

Los imanes se clasifican en:

- **Naturales:** son derivados de la magnetita.

- **Artificiales:** los fabrica la mano del hombre. Se pueden hacer de aleaciones metálicas muy variadas. La más usual es la aleación de **alnico**. Alnico es un acrónimo que hace referencia a los elementos que forman dicha aleación: Al, aluminio; Ni, níquel y Co, cobalto (Figura 4.5). Estas aleaciones son ferromagnéticas y se utilizan para hacer imanes permanentes. Son enormemente empleados en la industria eléctrica y electrónica: generadores de corriente continua, altavoces, aparatos de medida, micrófonos, etc.

*Figura 4.5. Imanes permanentes de alnico 5*

- **Temporales:** son aquéllos que se imantan fácil e intensamente, pero pierden su magnetización en cuanto se suprime la corriente magnetizante. A día de hoy el material más ampliamente utilizado es una aleación de hierro y silicio que se emplea en núcleos de bobinas, transformadores, en motores eléctricos...

## 4.2 CAMPO MAGNÉTICO Y LÍNEAS DE FUERZA

Los imanes sólo ejercen sus fuerzas magnéticas sobre cierto tipo de materiales que, como sabemos, denominamos paramagnéticos; en especial los ferromagnéticos: hierro, cobalto y níquel.

Las fuerzas magnéticas son interacciones a distancia, como la gravedad o la fuerza eléctrica. Su conexión con la electricidad no empezó a intuirse hasta bien entrado el siglo XIX. Los experimentos de Ørsted resultaron esenciales para comprender mejor la naturaleza de las interacciones magnéticas y su relación con los fenómenos eléctricos; pilar fundamental del electromagnetismo y la ciencia moderna.

Las interacciones magnéticas pueden explicarse como el resultado de la presencia de un campo de naturaleza vectorial que llamamos **campo magnético** y que es comparable al eléctrico o gravitatorio. Esta perturbación del espacio en la que se ponen de manifiesto los fenómenos magnéticos se visualiza mediante las denominadas **líneas de fuerza** que, en los imanes, nacen en el polo norte y desembocan en el sur (Figura 4.6).

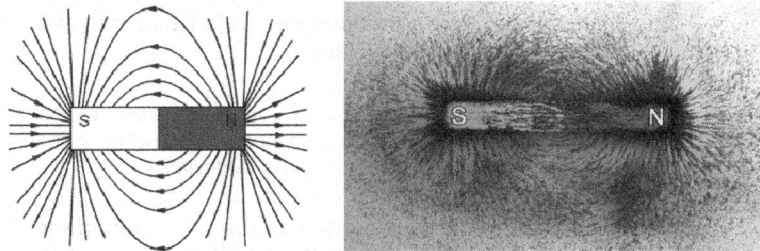

*Figura 4.6. Líneas de fuerza en un dipolo magnético. El polo N actúa como fuente de las líneas y el S como sumidero (izquierda). Se visualizan fácilmente con virutas de hierro (derecha)*

Cada línea es un lazo continuo sin interrupción que forma un circuito magnético cerrado en el imán. Una característica fundamental de las líneas magnéticas es que nunca se cruzan en el espacio. Al conjunto de líneas de fuerza de un campo se le denomina flujo magnético. Cuantas más líneas, mayor intensidad tendrá el campo magnético.

# 4.3 PERMEABILIDAD Y RELUCTANCIA

Se denomina **permeabilidad** magnética a la mayor o menor facilidad con la que las líneas de fuerza de un campo pueden atravesar una sustancia. Esto significa que cuanto mayor es la permeabilidad de un material, mayor será la capacidad de concentrar las líneas (flujo magnético). Como referencia se toma siempre la permeabilidad del vacío.

La permeabilidad magnética absoluta de diferentes medios se representa con la letra griega $\mu$ (mu, o mi según la Real Academia Española); de tal modo que:

$$\mu = \mu_r \cdot \mu_0$$

Donde:

$\mu_r$ es la permeabilidad relativa.

$\mu_0$ la del vacío ($4\pi \cdot 10^{-7}$ T · m/A).

Si se atiende al valor de la permeabilidad absoluta, veremos entonces que:

- Las sustancias **ferromagnéticas** tienen una permeabilidad elevada, del orden de 100 a 1.000.000 de veces la del vacío.

- Los materiales **paramagnéticos** presentan una permeabilidad ligeramente superior a la del vacío.

- Los **diamagnéticos** tienen una permeabilidad ligeramente inferior a la del vacío. Por ello las líneas de fuerza pasan con más facilidad por el aire que por estos materiales.

El efecto opuesto a la permeabilidad se denomina **reluctancia**; es decir, es el grado de dificultad que una sustancia presenta al paso de las líneas de fuerza. Por tanto, si un material es muy permeable, tendrá poca reluctancia. Todos los materiales dejan pasar a través suyo las líneas de flujo, pero no en la misma medida, como hemos visto. De igual modo que no existe el conductor perfecto, pues todos poseen una resistencia que impide, aunque sea levemente, el paso de los electrones; tampoco podemos encontrar un material con reluctancia nula.

# 4.4 CIRCUITOS MAGNÉTICOS

Como hemos visto en el punto 4.2, las líneas de fuerza magnética son continuas y cerradas: nacen del polo norte del imán, atraviesan el espacio perturbado por el campo magnético y desembocan en el polo sur, para volver al polo norte por el interior del imán. Tienen cierta similitud, por tanto, con la corriente eléctrica que circula por un circuito eléctrico (Figura 4.7, página siguiente).

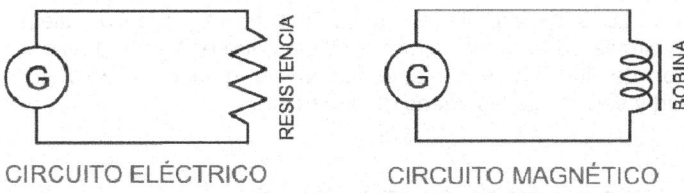

CIRCUITO ELÉCTRICO          CIRCUITO MAGNÉTICO

*Figura 4.7. Analogías entre el circuito eléctrico y magnético*

Para producir corriente eléctrica se requiere una fuerza electromotriz (generador). Del mismo modo, para obtener un campo magnético y su correspondiente flujo, se necesita una **fuerza magnetomotriz** (*fmm*), representada con la letra *F*. Su unidad es el amperio por vuelta (Av) y se describe con la siguiente ecuación:

$$F = N \cdot I$$

Donde:

*N* es el número de espiras de la bobina.

*I* es la intensidad de corriente eléctrica en amperios (A).

En un circuito eléctrico, para un valor dado de *fem*, la cantidad de corriente depende de la resistencia del mismo (Capítulo 3, ley de Ohm). En un circuito magnético, para un valor dado de *fmm*, el flujo magnético depende del grado de oposición de la materia que atraviesa; es decir, de su reluctancia.

$$\Phi = \frac{F}{R}$$

Donde:

Φ es el flujo magnético en weber (Wb).

*R* es la reluctancia en amperio vuelta por weber (Av/Wb).

Existen, no obstante, dos diferencias básicas entre los circuitos eléctricos y magnéticos. En primer lugar, en un circuito eléctrico la resistencia tiene un valor constante y se puede medir fácilmente hallando el voltaje y la corriente que circula por el mismo. En un circuito magnético, sin embargo, la reluctancia es variable y depende de la intensidad del flujo magnético. La segunda diferencia es que en los circuitos eléctricos la corriente circula de un punto a otro; mientras que en los magnéticos no hay circulación de flujo, sino que éste queda determinado únicamente por la intensidad y sentido de las líneas de fuerza.

# 4.5 ELECTROMAGNETISMO

El electromagnetismo, como indica su propio nombre, estudia las relaciones entre la electricidad y el magnetismo; es decir, los efectos eléctricos de los campos magnéticos y los efectos magnéticos de las corrientes eléctricas. La electricidad y el magnetismo son la consecuencia de la existencia de cargas eléctricas en movimiento; de forma que:

- Si introducimos un hilo conductor en el interior de un campo magnético variable aparecerá en aquél una corriente eléctrica. En este fenómeno, conocido como **inducción electromagnética**, se basa el funcionamiento de transformadores y generadores.

- Todo hilo metálico recorrido por una corriente eléctrica producirá en sus inmediaciones un campo magnético, que será tanto más intenso cuanto mayor sea el número de espiras que forme dicho alambre.

- Si se coloca un cable por el que circula una corriente eléctrica en el interior de un campo magnético, aparecerá sobre aquél una fuerza, **fuerza de Laplace**, que tenderá a desplazarlo en uno u otro sentido. En este fenómeno se basan los motores eléctricos.

Los fenómenos electromagnéticos juegan un papel esencial en nuestras vidas, ya que constituyen el principio básico de funcionamiento de casi todos los equipos eléctricos y electrónicos presentes en nuestros hogares e industrias.

La mayoría de la energía eléctrica que se consume en el Planeta, como hemos visto en el Capítulo 1, se produce por **generadores**, y desde allí se transporta y distribuye a todos los núcleos urbanos. En todo este camino resultan esenciales los **transformadores** elevadores y reductores de tensión. Los generadores convierten la energía mecánica en electricidad gracias a las bobinas que se mueven dentro del campo magnético. Los transformadores, que permiten aumentar o disminuir el valor de la tensión eléctrica de la corriente que circula por el cableado, están formados por bobinas y funcionan gracias al fenómeno de inducción electromagnética. Es el mismo fenómeno en el que se basan las fuentes de alimentación de cualquier equipo electrónico: cargadores de móviles, PDA, ordenadores, etc.

Algunos dispositivos usados como interruptores automáticos en equipos eléctricos o electrónicos son básicamente electroimanes. Un **relé**, por ejemplo, es un interruptor controlado por la corriente eléctrica. Cuando circula por la bobina del relé ésta produce un campo magnético que atrae una pieza móvil que cierra los contactos del interruptor.

La radio, la televisión, los satélites o la telefonía móvil dependen de las ondas electromagnéticas para transmitir voz, imágenes y datos.

La mayor parte de la fuerza que impulsa las máquinas de las industrias es generada por **motores**, que están formados por bobinas por las que circula corriente y que se mueven en el interior de un campo magnético creado por imanes u otras bobinas. Estos motores también son los mismos que existen en los electrodomésticos, juguetes, herramientas, etc.

Por tanto, los grandes avances de la ciencia y la tecnología que caracterizan nuestro mundo a día de hoy, han sido posibles sólo gracias a la comprensión de las características electromagnéticas de la materia.

## 4.6 LAS BOBINAS

Aunque éste no es un tratado de electrónica, es necesario, para comprender el electromagnetismo y sus aplicaciones prácticas, hablar, aunque someramente, de las bobinas. Una **bobina** no es más que un hilo metálico aislado enrollado en espiras o vueltas sobre un núcleo de aire o hierro (Figura 4.8).

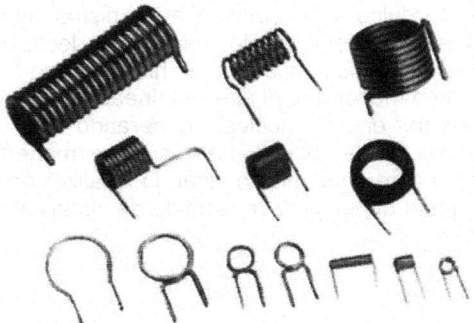

*Figura 4.8. Bobinas con núcleo de aire*

## 4.6.1 Tipos de bobinas

- **Con núcleo de aire:** si un hilo conductor se enrolla en espiras forma lo que llamamos un **solenoide**. Cuando esta bobina se conecta a una fuente de corriente continua, el campo magnético generado por las cargas en movimiento se concentra intensamente en el interior del volumen del solenoide; aunque se extiende rodeando toda la bobina (Figura 4.9). El solenoide actúa como un imán rectilíneo con sus polos situados en los extremos de la bobina.

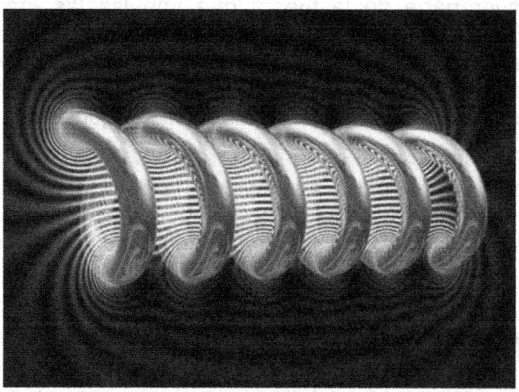

*Figura 4.9. Campo magnético en un solenoide. Visualización de las líneas de fuerza del campo creado por la corriente que circula por un solenoide.* Cortesía de Paul Nylander

- **Con núcleo de hierro:** si a una bobina se le introduce un núcleo de hierro dulce y se conecta a la misma fuente de corriente continua, se obtiene un electroimán; es decir, un solenoide con núcleo magnético. Como el hierro tiene una reluctancia muchísimo menor que el aire, las líneas de fuerza se refuerzan y concentran en el núcleo, generando un intenso campo magnético. A diferencia de los imanes permanentes, cuyos polos están siempre en el mismo lugar, la localización de los polos del electroimán dependerá del sentido de circulación de la corriente eléctrica.

# Capítulo 5

# TIPOS DE CONEXIONES EN CIRCUITOS

## 5.1 CONEXIONES SERIE Y PARALELO

En los circuitos que hemos descrito hasta la fecha aparece una única fuente de alimentación y un solo receptor o carga. En las aplicaciones prácticas, sin embargo, es común encontrar más de una carga conectada al generador de tensión. Según la forma en la que se conecten entre sí sendas cargas se habla, fundamentalmente, de circuitos en **serie** y en **paralelo** o **derivación**.

Un **circuito** en **serie** se forma cuando los receptores se unen de tal modo que forman una única trayectoria para la corriente. Para que esto ocurra es necesario que las cargas se conecten a la fuente de alimentación una a continuación de la otra (Figura 5.1).

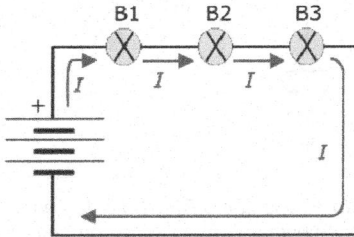

*Figura 5.1. Circuito en serie. Sólo existe una trayectoria cerrada para la corriente*

En este circuito toda la corriente que sale del polo negativo de la batería circula por la bombilla B3, luego por la bombilla B2 y por último por la bombilla B1 antes de entrar por el polo positivo. Si por cualquier causa se interrumpe el paso de la corriente en algún punto del circuito, todas las bombillas dejarán de lucir.

Un circuito en **paralelo** se forma cuando los receptores se unen de tal modo que forman más de una trayectoria para la corriente. En un circuito en paralelo existirán nudos entre los que se repartirá la corriente. Un **nudo** es, por tanto, un punto de un circuito en el que se unen tres o más conductores (Figura 5.2).

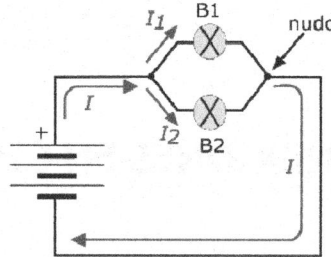

*Figura 5.2. Circuito en paralelo. Observe que la corriente I se bifurca en $I_1$ e $I_2$ al llegar al nudo*

En este caso, la corriente de la batería se distribuye por las dos bombillas. Si por cualquier motivo se interrumpe la corriente a través de B1, aquélla seguirá circulando por la bombilla B2.

Cuando existen conexiones de receptores en serie y paralelo en el mismo circuito decimos que es un **circuito mixto** (Figura 5.3).

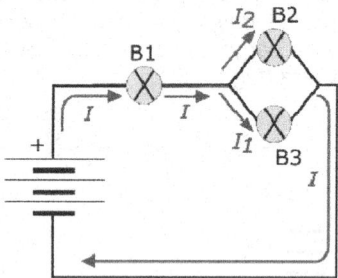

*Figura 5.3. Circuito mixto. Fíjese cómo B2 y B3 están en paralelo y estas dos, en conjunto, se encuentran en serie con respecto a B1*

En este caso si se interrumpe la corriente a través de la bombilla B1, todas dejarán de funcionar; pero si se funde B2, B1 y B3 seguirán luciendo.

Estas ideas son aplicables a cualquier tipo de componente electrónico. En este capítulo estudiaremos únicamente los circuitos de los componentes pasivos más usuales: resistencias, condensadores, baterías y bobinas.

## 5.2 CIRCUITOS EN SERIE CON RESISTENCIAS

Decimos que tenemos un circuito con resistencias en serie cuando se cumplen las siguientes dos condiciones:

- Todas las resistencias del circuito, incluida además la fuente de alimentación, se encuentran conectadas una tras otra a través de los conductores para formar una línea o cadena (Figura 5.4).

- Sólo existe una trayectoria cerrada para la circulación de la corriente. Si el circuito se abre en cualquier punto ya no pasará corriente por ninguna resistencia.

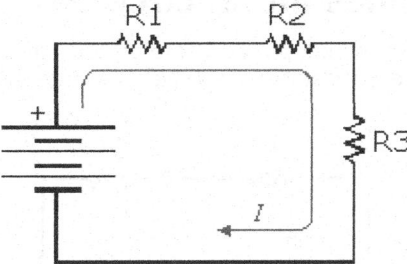

*Figura 5.4. Circuito de resistencias en serie. Observe que las tres resistencias están unidas formando una cadena y que sólo existe una trayectoria para la corriente: la marcada por la flecha roja*

## 5.2.1 Corriente en un circuito en serie

Puesto que en un circuito en serie sólo existe una trayectoria cerrada, el número de electrones que atraviesa cada resistencia es el mismo y, por tanto, también lo será la corriente (Figura 5.5, página siguiente). Así que debe tenerse muy presente que:

La intensidad de corriente eléctrica (*I*) que circula a través de cualquier resistencia en un circuito en **serie** es la *misma*.

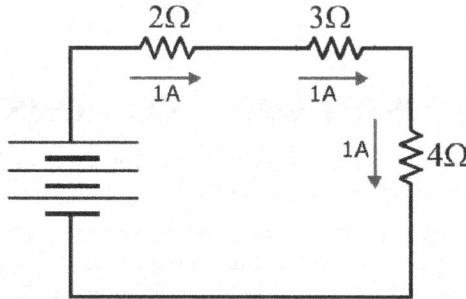

*Figura 5.5. Distribución de la corriente en un circuito en serie. Sólo existe una trayectoria para la corriente, por lo que todas las resistencias serán atravesadas por la misma intensidad*

# 5.2.2 Tensiones en un circuito en serie

La fem suministrada por la fuente de tensión a una asociación de resistencias en serie se distribuye a través de cada una de ellas (Figura 5.6).

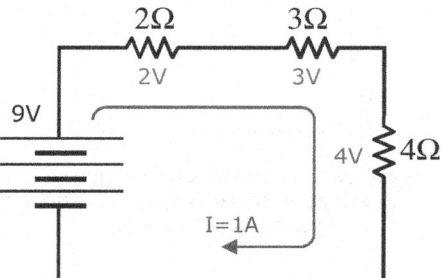

*Figura 5.6. División del voltaje en un circuito en serie. La suma de las caídas de tensión en cada resistencia es igual al voltaje suministrado por la pila o batería*

Según la ley de Ohm, la caída de tensión que aparece en una resistencia es igual al producto de la intensidad de corriente que la atraviesa por el valor de su resistencia eléctrica, $V = I \cdot R$. Así pues, como la corriente es la misma para todas las resistencias en serie, la caída de tensión será diferente en cada una, pues su valor dependerá de lo que valga $R$ (Figura 5.6). Cuanto mayor sea el valor de la resistencia, mayor será la caída de tensión, y viceversa.

Debe considerarse, por tanto, que:

> La caída de tensión ($V$) que se produce en cada una de las resistencias de un circuito en **serie** es *diferente*; pero la suma de todas las tensiones coincide con la fem aportada por la pila o batería

## 5.2.3 Resistencia equivalente en serie

En todo circuito, independientemente de cómo se unan sus receptores, la fuente de alimentación entregará una corriente $I = V/R_T$; donde $R_T$ es la **resistencia total** o **equivalente** del circuito y $V$ la tensión entregada por la batería. Dicho de otro modo, la batería considera todo el conjunto de cargas como una única resistencia de valor $R_T$. De este modo, la resistencia equivalente en una asociación en serie de cargas es la suma de cada una de ellas (Figura 5.7).

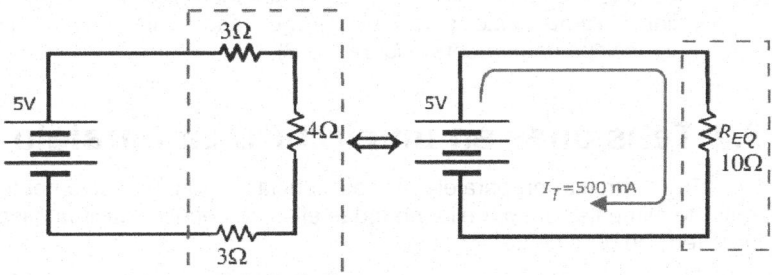

*Figura 5.7. Resistencia equivalente o total de un circuito en serie. La resistencia equivalente es la suma de cada una de las resistencias*

Así que, recuerde que en un circuito de resistencias en serie se cumple que:

> La resistencia total o equivalente es la suma de todas y cada una de las resistencias:
> $$R_T = R_1 + R_2 + \cdots + R_n$$

## 5.3 CIRCUITOS EN PARALELO

Un circuito está formado por resistencias en paralelo cuando cumple las dos condiciones vistas anteriormente:

- Todas las resistencias están unidas simultáneamente a los dos polos de la fuente de alimentación. Recuerde que los puntos en los que se unen tres o más conductores se denominan **nudos** o **nodos** (Figura 5.8 A).

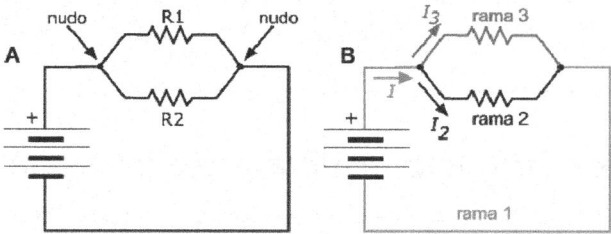

*Figura 5.8. Circuito con dos resistencias en paralelo. Se muestran los nudos, donde se juntan tres conductores (A). Como existen tres ramas, son tres las intensidades que recorren el circuito (B)*

- Existe más de una trayectoria para el recorrido de la corriente. El camino eléctrico entre dos nudos consecutivos del circuito se llama **rama**. Esto significa que por cada rama circula una intensidad de corriente (Figura 5.8 B).

## 5.3.1 Tensiones en un circuito en paralelo

En un circuito en paralelo las resistencias se unen directamente a la fuente de alimentación; por ello, en todas ellas se debe producir la misma caída de tensión (Figura 5.9).

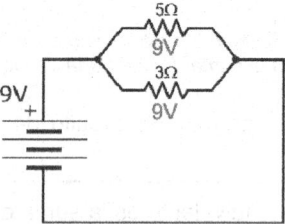

*Figura 5.9. Distribución de tensiones en un circuito en paralelo. Observe cómo los voltajes son idénticos en las resistencias en paralelo*

Así pues, debemos recordar que:

La caída de tensión (*V*) que se produce en cada resistencia de un circuito en **paralelo** es la *misma* que el voltaje de alimentación.

## 5.3.2 Corriente en un circuito en paralelo

En un circuito en paralelo la corriente que suministra la batería ($I_T$) se distribuye en los nudos a través de las distintas ramas en función de la resistencia de cada una y de acuerdo con la ley de Ohm, $I_{rama} = V/R_{rama}$. Lógicamente, la suma de la corriente que recorre cada rama coincidirá con $I_T$ (Figura 5.10).

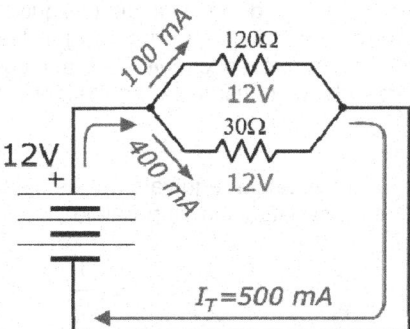

*Figura 5.10. Distribución de corrientes en un circuito en paralelo*

A medida que aumentan las cargas en un circuito en paralelo, aumenta también la corriente entregada por la batería. Este es el motivo por el que puede fundirse un fusible cuando se conectan demasiados aparatos. El circuito se **sobrecarga**, se demanda más corriente, y llega un momento en que se supera la capacidad nominal del fusible.

## 5.3.3 Resistencia equivalente en paralelo

La corriente total que entrega la fuente de alimentación depende de cuál es la resistencia equivalente o total del circuito. La batería, por tanto, considera todo el conjunto de cargas como una única resistencia de valor $R_T$.

Cuando se hacen los cálculos para hallar la resistencia equivalente se ha de tener en cuenta que la resistencia total es siempre menor que la menor de las resistencias en paralelo (Figura 5.11).

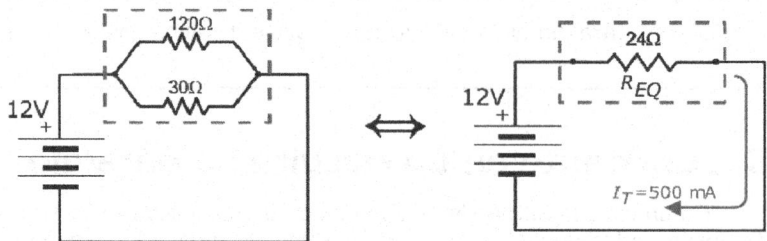

*Figura 5.11. Resistencia equivalente de un circuito en paralelo. La inversa de la resistencia equivalente es la suma de las inversas de cada una de las resistencias*

Para resolver el cálculo de la resistencia equivalente o total de un circuito en paralelo hemos de hallar, en primer lugar, las inversas de cada una de las resistencias que forman el circuito. A continuación se suman y el resultado es la inversa de la resistencia equivalente. Ha de recordarse entonces, que:

La inversa de la resistencia equivalente es la suma de las inversas de todas las resistencias en paralelo:

$$\frac{1}{R_T} = \frac{1}{R_1} + \frac{1}{R_2} + \cdots + \frac{1}{R_n}$$

# 5.4 CIRCUITOS MIXTOS CON RESISTENCIAS

Un circuito mixto es aquél que combina las características de un circuito en serie y de uno en paralelo; es decir, que encontraremos en él resistencias en serie, por las que circula la misma corriente, y resistencias en paralelo, sometidas a la misma caída de tensión. En los circuitos mixtos las resistencias en serie forman una **cadena** y las resistencias en paralelo constituyen **bancos** (Figura 5.12).

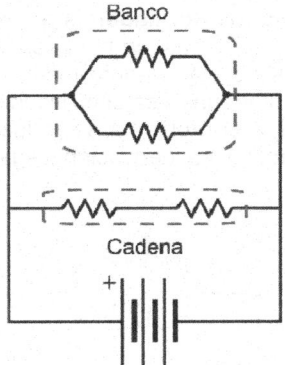

Figura 5.12. Circuito mixto con un banco y una cadena de resistencias en paralelo

# 5.4.1 Resistencia equivalente de un circuito mixto

En un circuito mixto la corriente entregada por la fuente de alimentación depende de la resistencia total ofrecida por el conjunto de cargas. Aunque no hay una receta mágica para encontrar dicha resistencia equivalente, sí podemos dar unos consejos en función de la distribución de cargas:

- **Circuitos formados por bancos de resistencias conectados en serie:** en este caso lo mejor es comenzar calculando la resistencia equivalente de cada banco, ya que de este modo las resistencias quedarán en serie y el problema se reduce al cálculo de la resistencia total de un circuito en serie (Figura 5.13, página siguiente).

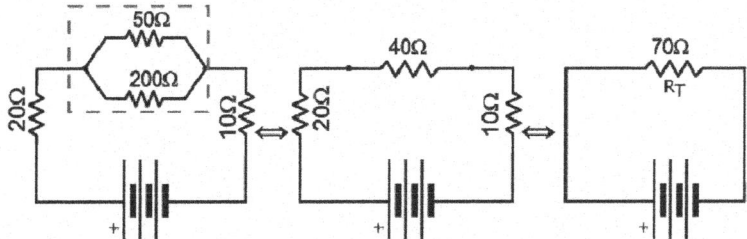

Figura 5.13. Resistencia de un circuito mixto con un banco de resistencias en serie

- **Circuitos formados por cadenas de resistencias conectadas en paralelo:** en este caso lo más sencillo es calcular en primer lugar las resistencias equivalentes de las cadenas de resistencias. Éstas, una vez simplificadas, quedarán en paralelo con las demás y el problema se reduce a hallar la resistencia total de un circuito en derivación según la expresión ya vista (Figura 5.14).

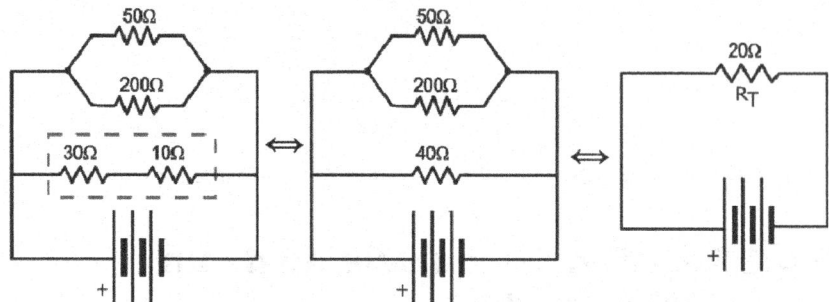

*Figura 5.14. Resistencia equivalente de un circuito mixto formado por una cadena de resistencias en paralelo. Observe cómo en primer lugar se simplifican las resistencias que conforman las cadenas para reducir el circuito a una derivación de resistencias*

- **Circuito constituido por bancos y cadenas de resistencias en serie y en paralelo:** lo más fácil en estos casos es comenzar a realizar las simplificaciones por las ramas más alejadas de la fuente. El proceso se continúa hasta llegar a la fuente de alimentación; para obtener así un único banco o una única cadena conectados con la batería. En este punto la resistencia equivalente se calcula de las formas ya descritas para asociaciones en serie o paralelo (Figura 5.15).

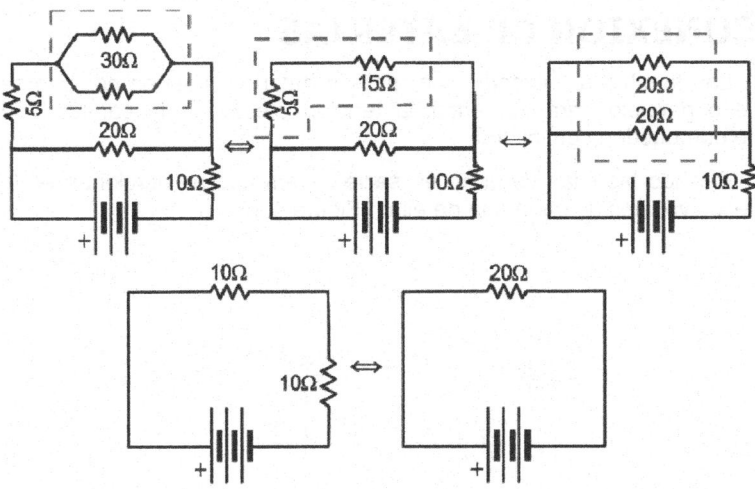

*Figura 5.15. Resistencia equivalente de un circuito formado por un banco de resistencias en serie y en derivación. Observe cómo se comienza a simplificar desde la rama más alejada de la batería*

## 5.5 POTENCIA EN UN CIRCUITO

En cualquier circuito con resistencias la potencia suministrada por la fuente de alimentación se disipa en forma de calor en todas y cada una de ellas. En otras palabras, la potencia entregada se pierde por las resistencias sin importar si éstas están unidas en serie, en paralelo o en una configuración mixta. Es decir:

$$P_T = P_1 + P_2 + \cdots + P_n$$

Como ya se describió en el Capítulo 3, la energía disipada es el producto de la potencia por el tiempo, $W = P \cdot t$. Si queremos saber la cantidad de **calor**, que en general se expresa en calorías, que disipa una resistencia por efecto Joule, basta con transformar los julios a dicha unidad; para ello debemos saber que 1 J = 0,24 cal. Así pues, la cantidad de calor en calorías, $Q$, que se pierde en una resistencia que lleva funcionando un tiempo $t$, en segundos, es:

$$Q = 0,24 \cdot I^2 \cdot R \cdot t$$

# 5.6 CONEXIÓN DE BATERÍAS

Las fuentes de alimentación (pilas y baterías) pueden conectarse en serie o paralelo para aumentar la tensión efectiva o la cantidad de corriente que pueden suministrar.

Cuando las pilas se unen en **serie** la fem que proporcionan es la suma de los voltajes de cada una de ellas (Figura 5.16).

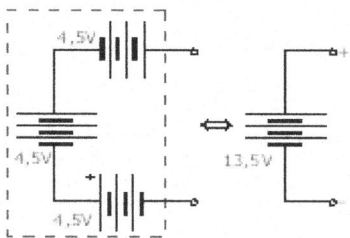

*Figura 5.16. Tensión en una asociación de baterías en serie*

Así pues, el conjunto de pilas en serie se comporta como una única batería de fem:

$$V_T = V_1 + V_2 + \cdots + V_n$$

Y su capacidad de corriente será la de la pila de menor capacidad. Este es el motivo por el que se dice que el cambio de pilas de cualquier equipo debe hacerse de una única vez y con el mismo tipo de pilas.

Si las pilas se unen en **paralelo** el voltaje total es el mismo que el de cada unidad, pero la capacidad de corriente es igual a la suma de las capacidades individuales de todas las pilas (Figura 5.17).

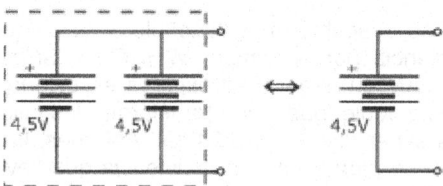

*Figura 5.17. Tensión equivalente de baterías en paralelo. El conjunto se comporta como una batería de 4,5 V*

Es decir, que se cumple que:

$$V_T = V_1 = V_2 = \cdots = V_n$$

La aplicación práctica más inmediata de la asociación de pilas en paralelo es para conseguir aumentar el tiempo de funcionamiento de los circuitos a ellas conectados.

# 5.7 CONEXIÓN DE CONDENSADORES

Los **condensadores** son componentes que se emplean para almacenar temporalmente energía eléctrica. Se caracterizan por su **capacidad**, que se mide en **faradios** (F) o submúltiplos del mismo. Se pueden conectar, al igual que el resto de componentes, en serie o paralelo. Los símbolos que se utilizan de forma habitual en los esquemas eléctricos son los siguientes:

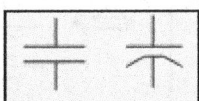

Como en el caso de las resistencias, se dice que un conjunto de condensadores se encuentra en **serie** cuando éstos, incluida la fuente de alimentación, se encuentran unidos unos detrás de otros, a través de los conductores, formando una línea o cadena (Figura 5.18).

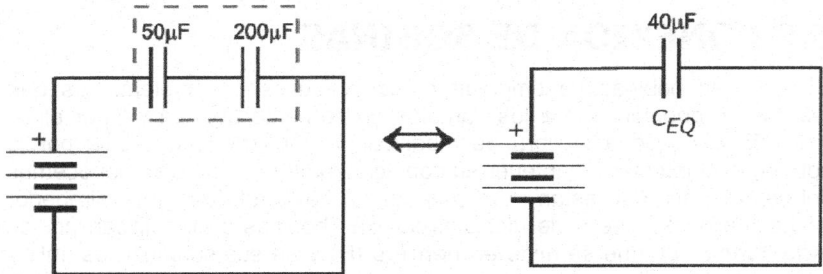

*Figura 5.18. Capacidad equivalente de condensadores en serie. El condensador equivalente posee un valor menor al menor de los condensadores*

El condensador equivalente de una asociación en serie está dado por la expresión:

$$\frac{1}{C_T} = \frac{1}{C_1} + \frac{1}{C_2} + \cdots + \frac{1}{C_n}$$

En el supuesto de que los condensadores se conecten en **paralelo** (Figura 5.19), que se produce como ya sabemos cuando las cargas se unen simultáneamente a los dos polos de la fuente de alimentación, la capacidad equivalente vendrá dada por:

$$C_T = C_1 + C_2 + \cdots + C_n$$

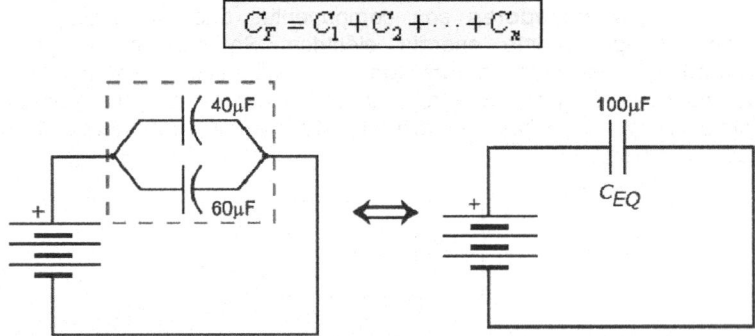

*Figura 5.19. Capacidad equivalente de condensadores en paralelo. El condensador equivalente posee un valor mayor al mayor de los condensadores*

# 5.8 CONEXIÓN DE BOBINAS

Las bobinas se emplean en los circuitos como elementos que reaccionan oponiéndose a los cambios de corriente que circula por ellas. Esto significa que a la hora de modificar la corriente que circula por la bobina, ésta intentará mantener su condición anterior. Como ya conocemos del capítulo anterior, están formadas por un devanado de cobre alrededor de un núcleo de aire o de hierro-silicio. Las bobinas se identifican por su **inductancia** (*L*), que se mide en **henrios** (H) y en sus submúltiplos: mH y µH.

Al igual que cualquier otro componente, las bobinas pueden unirse en serie o paralelo. La inductancia equivalente de un conjunto de bobinas en serie (Figura 5.20) se halla mediante la expresión:

$$\boxed{L_T = L_1 + L_2 + \cdots + L_n}$$

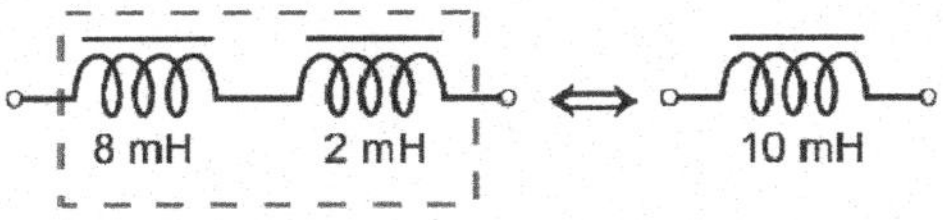

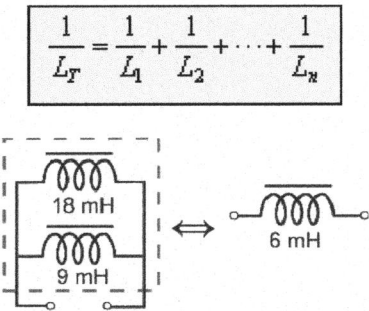

*Figura 5.20. Bobina equivalente de una asociación en serie de inductancias*

Si se conectan en paralelo, como muestra la Figura 5.21, la inductancia equivalente será:

$$\boxed{\frac{1}{L_T} = \frac{1}{L_1} + \frac{1}{L_2} + \cdots + \frac{1}{L_n}}$$

*Figura 5.21. Inductancia equivalente de una asociación de bobinas en paralelo*

Estas expresiones suponen que las bobinas están físicamente alejadas y que, por tanto, no sufren ningún acoplamiento magnético entre ellas, como ocurriría si se devanasen dos o más arrollamientos sobre el mismo núcleo. Este último sería el caso de los transformadores.

# Capítulo 6

# CORRIENTE ALTERNA
••••••••••••••••••••••••••••••••••••••••••••••••••••••••••••••••••

## 6.1 TIPOS DE CORRIENTE ELÉCTRICA

La **corriente continua** (CC) y la **corriente alterna** (CA) son las dos formas de energía con las que se alimentan los circuitos eléctricos y electrónicos. Ambas formas de energía se diferencian en cómo varían en el tiempo la tensión, incluyendo su polaridad, y el sentido de la corriente.

La corriente continua se caracteriza por el hecho de que siempre circula en el mismo sentido y su tensión presenta la misma polaridad. La corriente alterna, sin embargo, cambia alternativamente de sentido, al igual que su voltaje de polaridad (Figura 6.1A).

La tensión que llega a los enchufes de nuestras casas es alterna; en cambio, la que nos proporciona pilas y baterías es continua. En el primer caso el valor de la tensión eléctrica varía en el tiempo siguiendo una onda **sinusoidal**, mientras que en las pilas y baterías el voltaje y la corriente permanecen constantes en el tiempo (Figura 6.1B)

La inmensa mayoría de los aparatos eléctricos que usamos en nuestras casas, como lavadoras, planchas, televisiones, ordenadores... emplean corriente alterna. Los motores y transformadores utilizados en diversa maquinaria también trabajan con tensiones alternas; así como las señales empleadas en los sistemas de televisión y radio analógicas son también alternas.

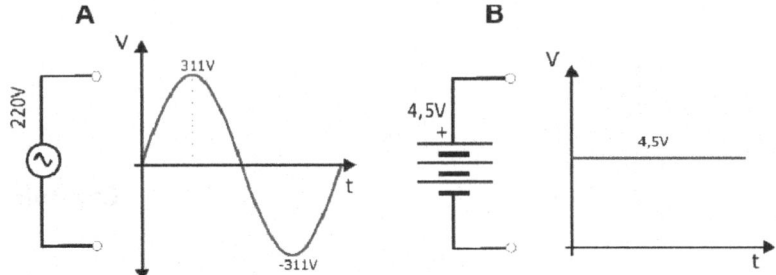

*Figura 6.1. Comparación de dos tensiones eléctricas. A) Un voltaje alterno. B) Una tensión continua*

No obstante, todos los circuitos electrónicos utilizan, en última instancia, una corriente continua para funcionar. Esta corriente podrá ser suministrada por una pila o batería directamente o, indirectamente, por una fuente de corriente alterna mediante un proceso que denominamos **rectificación**, en el que se basan las fuentes de alimentación, de las que se habla con profundidad en el libro *Electrónica Básica*, de esta misma editorial. También es posible físicamente convertir una corriente continua en alterna mediante un **inversor** de corriente.

# 6.2 CORRIENTE ALTERNA

Como se acaba de decir, una fuente de corriente alterna, AC en inglés, se caracteriza por el hecho de que la corriente cambia alternativamente de sentido; es decir, que los electrones circulan en un sentido primero y luego en sentido opuesto (Figura 6.2).

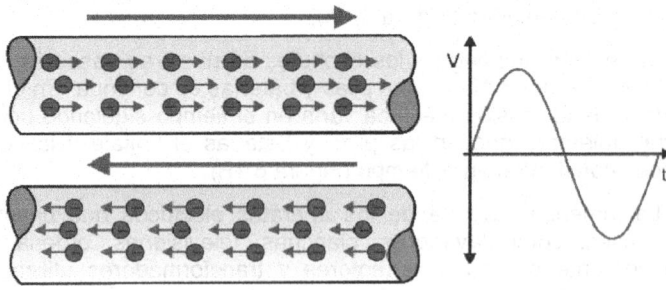

*Figura 6.2. Ilustración del concepto de corriente alterna*

La gráfica obtenida al representar matemáticamente una tensión o corriente en función del tiempo se denomina **forma de onda**. La corriente alterna más usual es la que posee una onda en forma de seno. No obstante, existen corrientes alternas con otras formas, como la cuadrada y triangular (Figura 6.3).

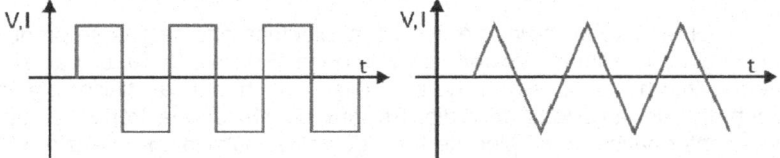

*Figura 6.3. Otras formas de onda diferentes a la sinusoidal*

# 6.2.1 Concepto de ciclo, período y frecuencia

Como la señal eléctrica alterna más utilizada es la sinusoidal, es la que con más detalle se va a tratar.

Una señal alterna sinusoidal es, desde el punto de vista físico, una onda periódica; es decir, que existe un patrón mínimo que se repite infinitamente a lo largo del tiempo. Este patrón repetitivo es lo que llamamos **ciclo** (Figura 6.4).

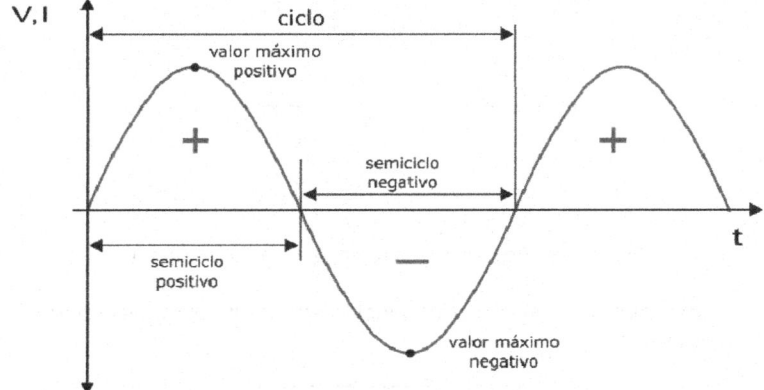

*Figura 6.4. Onda alterna sinusoidal*

Durante el **semiciclo positivo**, la corriente aumenta desde un valor nulo hasta alcanzar un máximo, para posteriormente regresar a cero nuevamente. A continuación entra en el **semiciclo negativo**, donde se comporta exactamente igual, pero ahora los electrones se mueven en sentido opuesto. Así se completa un ciclo.

El tiempo que dura un ciclo en una tensión o corriente alternas se denomina **período** (*T*). Su unidad es, por tanto, el segundo (s); aunque es común utilizar submúltiplos del mismo como ms, μs y ns.

El número de ciclos de una señal eléctrica alterna que se produce en un segundo se llama **frecuencia** (*f*) de onda (Figura 6.5). Su unidad en el Sistema Internacional es el hertzio (Hz), en honor al físico alemán descubridor de las ondas de radio. Es muy común en electrónica y sobre todo en informática, el empleo de los siguientes múltiplos: kilohertzio, kHz; megahertzio, MHz y gigahertzio, GHz.

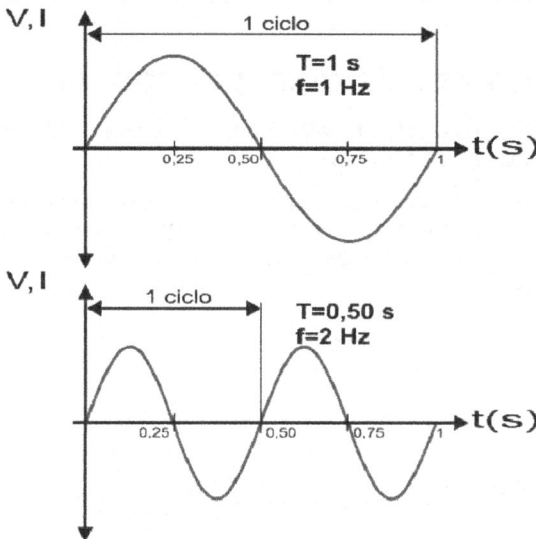

*Figura 6.5. Frecuencia y período de una señal alterna*

Matemáticamente la frecuencia es la inversa del período y viceversa; es decir:

$$f = \frac{1}{T} \quad ; \quad T = \frac{1}{f}$$

## 6.2.2 Concepto de valores pico, pico a pico, promedio y efectivo

El **valor pico** o máximo, que designamos como $V_p$ o $I_p$, es el máximo valor positivo o negativo que alcanza una onda. La magnitud absoluta del valor máximo se denomina **amplitud** de onda.

El **valor pico a pico**, que designamos como $V_{pp}$ o $I_{pp}$, es la amplitud de la onda desde el pico positivo al pico negativo (Figura 6.6).

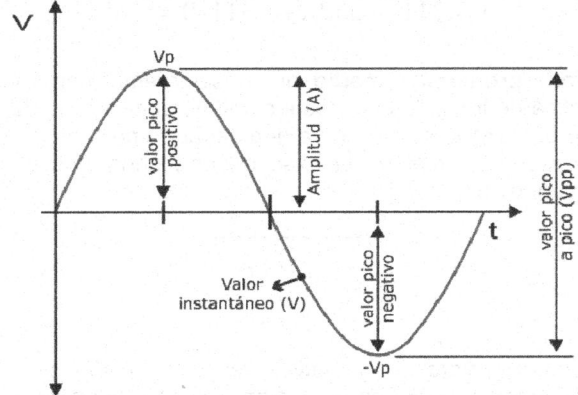

*Figura 6.6. Ciclo de una onda sinusoidal con sus valores característicos*

La mayoría de las tensiones y corrientes alternas de interés industrial son periódicas, como se ha descrito en las Figuras 6.3 y 6.4. A veces resulta interesante considerar los diferentes valores de un ciclo como ángulos. De este modo un ciclo se considera dividido en 360°. Por tanto, dos ciclos se corresponden con 720° y un semiciclo con 180°. Es muy común en física medir los ángulos en radianes (rad) y no en grados (°). Un **radián** equivale a 180/π grados sexagesimales. Bajo este punto de vista un ciclo equivale a $2\pi$ rad, un semiciclo a $\pi$ rad y así sucesivamente. Recordamos al lector que π (pi) es aproximadamente 3,14159.

El valor instantáneo de una tensión (*v*) o corriente alternas (*i*) es el valor que tiene la onda en cualquier instante de tiempo. Este valor es proporcional al seno del ángulo correspondiente en el instante considerado. Es decir:

$$v = V_p \cdot \text{sen } \theta$$
$$i = I_p \cdot \text{sen } \theta$$

Donde $V_p$ o $I_p$ son los valores pico o máximos de la señal y $\theta$ el ángulo correspondiente. Por ejemplo, si una tensión alterna sinusoidal tiene un valor máximo de 311 V, su valor instantáneo para un ángulo de 360° ($2\pi$ rad) será:

$$v = 311 \cdot \text{sen } (2\pi) = 311 \cdot 0 = 0 \text{ V}$$

El **valor promedio** o **medio**, que designaremos como $V_m$ o $I_m$, es la media aritmética de todos los valores instantáneos de una onda durante un semiciclo. No es objetivo de esta obra demostrar cómo se calcula ese valor; simplemente recuerde que, en el caso de una onda sinusoidal, el valor promedio está dado por:

$$V_m = \frac{2}{\pi} \cdot V_p$$

El **valor eficaz** o efectivo de una señal sinusoidal, que designaremos como $V_{ef}$ o $I_{ef}$, es la tensión o la intensidad de una corriente continua que produciría sobre una resistencia la misma disipación de potencia que la onda alterna. Estos valores son:

$$V_{ef} = \frac{\sqrt{2}}{2} \cdot V_p \quad ; \quad I_{ef} = \frac{\sqrt{2}}{2} \cdot I_p$$

Las tensiones e intensidades alternas sinusoidales se expresan generalmente en términos de valores eficaces. Es más, al trabajar con éstos, los circuitos de corriente alterna pueden analizarse del mismo modo que se hace con los circuitos de corriente continua. A menos que se diga lo contrario siempre supondremos que trabajamos con valores eficaces y los indicaremos como $I$, si se trata de una corriente, o $V$ si es una tensión.

# 6.3 GENERADORES DE CORRIENTE ALTERNA

La mayoría de la energía eléctrica en el mundo se produce mediante **generadores** de corriente alterna. Estos generadores son máquinas que transforman la energía mecánica en energía eléctrica y producen una corriente alterna mediante el fenómeno de inducción electromagnética (Figura 6.7).

*Figura 6.7. Generador de corriente alterna de 400 kW*

Todos ellos emplean unas bobinas de alambre que se mueven en el interior de un campo magnético. En este movimiento cortan las líneas de flujo y se induce en las espiras una fuerza electromotriz. La energía mecánica necesaria para mover las bobinas la produce una turbina, que puede ser accionada a su vez por la presión de vapor de agua, por la fuerza de un salto de agua, etc., como se vio en el primer capítulo de este libro. En la Figura 6.8, en la página siguiente, se muestra la estructura básica de un generador de corriente alterna, también llamado **alternador**. Un alternador consta de dos partes fundamentales: el **inductor**, que crea el campo magnético y el **inducido**, que es la parte atravesada por las líneas de fuerza de dicho campo.

El inductor, que en estas máquinas coincide con el **rotor**, es el elemento giratorio del alternador. En este elemento se encuentran los pares de polos, formados por imanes permanentes, como en la Figura 6.8, o por electroimanes alimentados por corriente continua.

En el inducido se encuentran los pares de polos formados por un bobinado en torno a un núcleo ferromagnético.

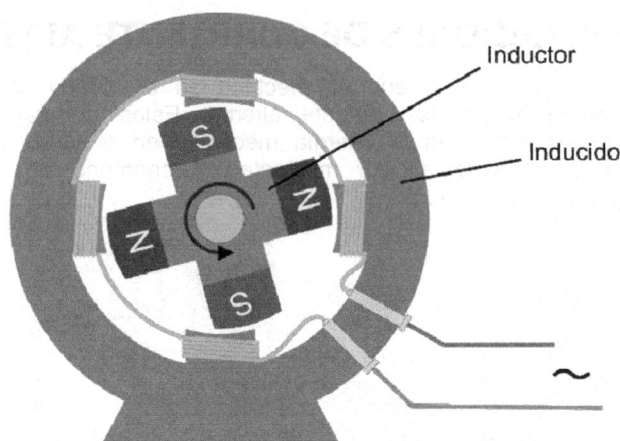

*Figura 6.8. Estructura de un alternador de excitación permanente de dos pares de polos*

La rotación del inductor en el alternador de la figura anterior hace que su campo magnético se haga variable en el tiempo y genere en el bobinado del inducido una corriente alterna que se recoge en los terminales de salida del alternador.

La frecuencia de la tensión alterna generada, que en Europa es de 50 Hz, dependerá de la velocidad de giro del rotor y del número de pares de polos. A medida que aumenta el número de éstos menor es la velocidad de giro del rotor necesaria para producir una onda de esta frecuencia.

El valor de la tensión de salida en el alternador es función de la velocidad de giro del rotor, del número de bobinas de la armadura y de la intensidad del campo magnético producido.

# 6.4 TRANSPORTE Y DISTRIBUCIÓN DE LA ENERGÍA

Excepto en algunos casos muy concretos la energía eléctrica no se produce en el lugar en que se consume; por lo que es necesario transportarla desde la central eléctrica hasta el lugar donde se necesite, a veces distante centenares de kilómetros. Por regla general, las centrales generadoras se instalan a pie de los yacimientos de carbón, de los saltos de agua o cualquier otra fuente de energía y, una vez transformada, se traslada al punto de consumo mediante las grandes líneas de distribución. Estas líneas pueden ser aéreas o subterráneas.

Por las propias características del fluido eléctrico éste debe ser transportado y distribuido a través de conductores de cobre y aluminio. Además, la energía eléctrica no se puede almacenar, por lo que debe ser suministrada en el momento en que se solicita. Otra de las características del transporte es que hay que disminuir lo máximo posible las pérdidas de energía por efecto Joule en los conductores, Capítulo 5. Como la potencia transportada se ha de mantener constante ($I \cdot V$), esto puede conseguirse aumentando todo lo que se pueda la tensión, con lo que disminuirá en la misma medida la corriente. Ésta es la función de los transformadores.

Un esquema general del transporte y distribución de la energía eléctrica sería (Figura 6.9):

- Central.

- Transformador elevador.

- Línea de transporte de alta tensión.

- Subestaciones (transformadores reductores de tensión).

- Transformador final.

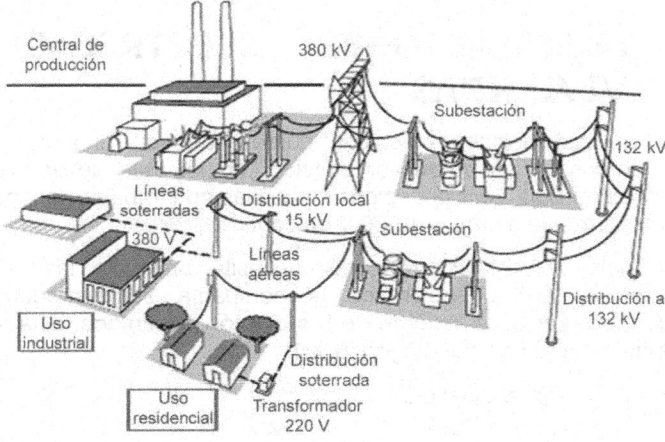

*Figura 6.9. Esquema genérico del transporte y distribución de energía eléctrica*

En las centrales generadoras de energía eléctrica habitualmente el voltaje entregado a la salida es de unos 15 o 20 kV. Como el voltaje no puede elevarse infinitamente, suele usarse la regla de que la tensión adecuada, en kV, de una línea es la mitad de su distancia en km. Así, para una distancia de 400 km sería aceptable una tensión de 200 kV.

En España la tensión nominal de las líneas eléctricas de alta tensión abarca desde los 380 kV a los 3 kV. La sucesiva reducción de voltaje a los niveles adecuados para ser distribuida a todos los abonados se realiza en las **subestaciones de transformación** (Figura 6.10). Como idea general, la industria pesada requiere unos 33 kV, los trenes unos 20 kV, la industria ligera 380 V y los usuarios domésticos 220 V.

*Figura 6.10. Subestación de transformación*

# 6.5 INSTALACIONES ELÉCTRICAS EN VIVIENDAS

Las instalaciones eléctricas domésticas son uno de los tres grandes grupos, y los de mayor difusión, en los que se clasifican las instalaciones de Baja Tensión; es decir, aquéllas que trabajan con menos de 1.000 V en corriente alterna y 1.500 V en continua.

Cualquier instalación interior necesita unirse a las redes de distribución de Baja Tensión de la compañía suministradora. Esta instalación, que recibe el nombre de **instalación de enlace**, está formada por los siguientes elementos (Figura 6.11):

• Línea de acometida.

• Caja general de protección.

- Línea repartidora.

- Ubicación de contadores.

- Derivaciones individuales.

- Cuadro de mando y protección.

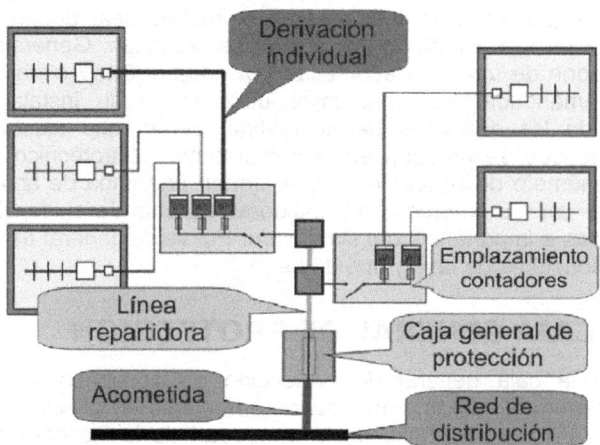

*Figura 6.11. Instalación de enlace de un edificio*

La red de distribución y la línea de acometida son propiedad de la compañía distribuidora de la energía eléctrica, mientras que desde la caja general de protección en adelante es propiedad de los usuarios.

La instalación eléctrica de una vivienda representa el eje central del cual dependerán todos los demás sistemas que se conecten al mismo; como la iluminación, climatización, ascensores, electrodomésticos, etc.

# 6.5.1 Acometida, caja general de protección y línea repartidora

La acometida, la caja general de protección y la línea repartidora constituyen, por este orden, las tres primeras fases de la instalación de enlace de un edificio; lo que permite transportar la corriente eléctrica desde la red pública de distribución hasta la centralización de contadores.

## 6.5.1.1 ACOMETIDA

La línea de acometida se define como la parte de la instalación de enlace comprendida entre la red de distribución pública y la caja o cajas generales de protección del edificio. La línea de acometida está acondicionada por la infraestructura que tenga la red de distribución pública, que a su vez se ve sujeta a las características tanto físicas como de potencia demandadas por el edificio; por lo que esta línea se realiza desde la línea de distribución de alta, media o baja tensión. Las líneas de acometida se disponen de forma aérea o subterránea, dependiendo del origen de la red de distribución a la cual se conectan. Generalmente, un edificio dispone de una sola acometida por cada 160 kW o fracción de la potencia demandada. Los materiales utilizados y su instalación, para cualquiera de los dos tipos de acometida, tienen que ajustarse a las instrucciones que se recogen en el reglamento electrotécnico para baja tensión. El número de conductores que forman una línea de acometida es determinado por las empresas distribuidoras de energía en función de las características e importancia del suministro. Por regla general está formada por tres conductores de fase y uno de neutro.

## 6.5.1.2 CAJA GENERAL DE PROTECCIÓN

En la caja general de protección da comienzo la instalación eléctrica interior del edificio, como puede apreciarse en la Figura 6.11. Esta caja marca a su vez el límite de la propiedad de la instalación, entre la compañía suministradora y las instalaciones de los abonados. La caja general de protección se define como la estructura que aloja los elementos de protección de la línea repartidora. También se la denomina caja de acometida, por ser la caja a la que acomete el conductor de acometida. Estas cajas se fabrican en poliéster autoextinguible reforzado con fibra de vidrio, de color gris. Se fabrican para una tensión nominal de 440 V. En su interior aloja tres portafusibles, separados por aislamiento, y una barra de neutro seccionable.

## 6.5.1.3 LÍNEA REPARTIDORA

La línea repartidora es la conducción eléctrica que enlaza la caja general de protección con la centralización de contadores del edificio. En viviendas unifamiliares esta línea no existe, debido a que la caja general de protección enlaza directamente con el contador del abonado. En los edificios que disponen de contadores centralizados por plantas, la línea repartidora se canaliza por el hueco de escaleras, instalando en la entrada a las viviendas las cajas precintables de derivación, de las que parten las derivaciones individuales que enlazan con el contador de cada abonado. Si la centralización de contadores se realiza de forma concentrada en una planta o local destinado a tal fin, la línea repartidora une la caja general de protección con el principio de esta centralización. El número de líneas repartidoras que dispone un edificio será el mismo que cajas generales de protección tenga; por regla general una por cada 160 kW o fracción.

En todos los casos la línea repartidora está formada por tres conductores de fase, uno de neutro y uno de protección con aislamiento de 750 V.

## 6.5.2 Contador y centralizaciones

El contador de energía eléctrica es el aparato que contabiliza la energía consumida en las líneas de corriente alterna. De los diferentes tipos de contadores de energía eléctrica el contador de inducción es el de mayor aplicación en las instalaciones en viviendas. Este contador registra la cantidad de energía que las empresas suministradoras entregan al abonado. La unidad de medida es el kilovatio hora (kWh).

Por centralización de contadores de un edificio se entiende el conjunto de contadores situado en un mismo local. Toda centralización se compone de tres unidades funcionales diferenciables que, en relación con el suministro eléctrico, son las siguientes:

- **Unidad funcional de embarrado general y fusibles de seguridad:** a ella acomete la línea repartidora sobre tres barras de fase y una de neutro. Dispone de un fusible de seguridad en el arranque de todos los conductores de fase, con capacidad de corte en función de la máxima corriente de cortocircuito que pueda presentar.

- **Unidad funcional de medida:** en ella se alojan los contadores, propiamente dichos, de todos los abonados del edificio.

- **Unidad funcional de embarrado de protección y bornes de salida:** de esta unidad parten todas las derivaciones individuales y el conductor de protección, bajo tubo protector.

## 6.5.3 Derivación individual

Por derivación individual se entiende las líneas que unen, desde la centralización de contadores, el contador de cada abonado con el interruptor de control de potencia (ICP) instalado en el interior de la vivienda.

Las derivaciones individuales se clasifican en dos grandes grupos, dependiendo de las características del edificio:

- Edificios destinados principalmente a viviendas. En este caso existe una derivación individual independiente para cada abonado que tenga el edificio.

- Edificios destinados a un solo abonado. En viviendas unifamiliares, edificios públicos o destinados a una industria específica, no existen derivaciones individuales. Por ello, la caja de protección enlaza directamente con el contador del abonado, y éste con el correspondiente ICP.

Los conductores empleados en las derivaciones individuales son de cobre rígido con aislamiento para 750 V. Cada derivación individual está formada por un conductor de fase, otro neutro y uno de protección, siempre que el suministro sea monofásico; mientras que para suministros trifásicos lo forman tres conductores de fase, uno neutro y uno de protección. La identificación de estos conductores se realiza por los colores normalizados y asignados a cada uno de ellos. Para los conductores de **fase** se utilizan el **negro**, **marrón** o **gris**; para los conductores **neutros** el **azul claro** y para el conductor de **tierra** el **amarillo** y **verde** a **rayas**.

# 6.5.4 Cuadro de mando y protección

Será el encargado de alojar todos los dispositivos de seguridad, protección y distribución de la instalación interior de la vivienda. Se sitúa próximo a la puerta de entrada de la vivienda, aproximadamente a 1,80 m de altura, y está construido con materiales no inflamables.

Este cuadro de distribución está compuesto de los siguientes elementos (Figura 6.12):

- **Un Interruptor de Control de Potencia (ICP).** Es un dispositivo automático que forma parte del equipo de medida y se instala de acuerdo con la potencia contratada para cada vivienda. Su misión es controlar la potencia instantánea demandada en la instalación, por lo que se le considera como elemento de control y no de seguridad. El control de la potencia se efectúa por paso de intensidad. El ICP se instala delante del cuadro de distribución de la vivienda y lo más cerca posible de la entrada de la derivación individual.

- **Un Interruptor General automático (IG).** Interruptor de corte omnipolar, con accionamiento manual. La función principal de este interruptor es la de proteger la derivación individual contra sobrecargas y cortocircuitos

- **Un Interruptor Diferencial (ID).** Este interruptor de alta sensibilidad se encarga de proteger a las personas contra contactos eléctricos indirectos. Los interruptores diferenciales que se instalan en las viviendas son de alta sensibilidad, con un tiempo de respuesta de 50 milisegundos y una intensidad máxima de 30 mA.

- **Unos Pequeños Interruptores Automáticos (PIA).** Tienen como misión proteger contra sobrecargas y cortocircuitos a los conductores que forman los distintos circuitos independientes y, a su vez, a los receptores a ellos conectados. Se instala uno por circuito. El número de elementos que forman un cuadro de distribución está en función del nivel de electrificación de la vivienda.

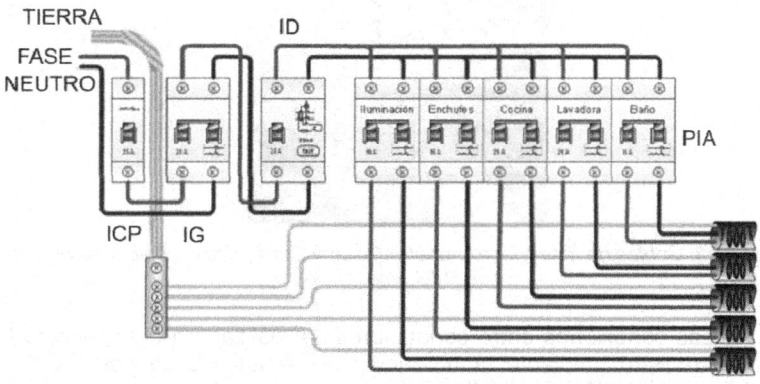

*Figura 6.12. Estructura general de un cuadro de distribución. En este caso existen cinco circuitos independientes controlados cada uno por su propio PIA*

## 6.5.5 Conductores interiores

Los conductores empleados en las instalaciones interiores son por lo general rígidos, de cobre y con tensión nominal de 750 V o de 440 V si fueran flexibles. Se deslizan como norma general por el interior de tubos flexibles empotrados (Figura 6.13). Por cada uno discurrirá, por lo general, un solo circuito, como se observa en la Figura 6.12. Las secciones mínimas utilizadas en los conductores de los diferentes circuitos independientes son:

- Circuito de alumbrado: 1,5 mm$^2$.

- Circuito de alimentación a tomas de corriente: 2,5 mm$^2$.

- Circuito de alimentación a máquinas de lavar y calentador eléctrico de agua: 4 mm$^2$.

- Circuito de alimentación a cocina y horno eléctrico: 6 mm$^2$.

- Circuito de alimentación a aparatos de calefacción o aire acondicionado: 6 mm$^2$.

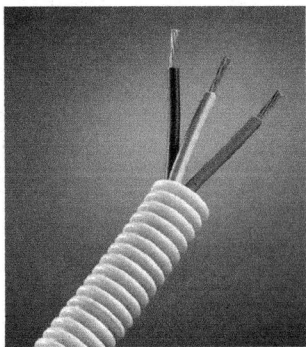

*Figura 6.13. Cables de fase (negro), neutro (azul) y tierra (bicolor) bajo tubo protector de PVC empotrable*

Las conexiones entre conductores se realizan en el interior de las cajas de registro mediante la utilización de regletas o conectores de la sección necesaria (Figura 6.14). No se permite la unión de cables a través de un simple retorcimiento o enrollamiento de los mismos ni realizarlas en el interior de los tubos.

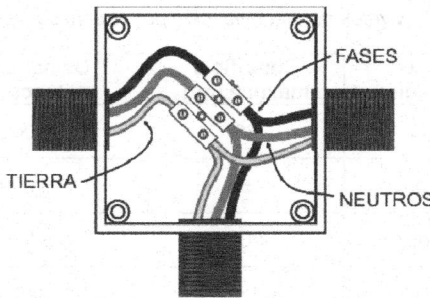

*Figura 6.14. Empalme de conductores en el interior de las cajas de registro*

# 6.5.6 Grados de electrificación en viviendas

La división en niveles o grados de electrificación en una vivienda se realiza en función de la potencia máxima simultánea que puede soportar la instalación.

Existen cuatro niveles de electrificación para los edificios en función de las potencias máximas previstas para cada grado:

- Mínimo: 3.000 W.

- Medio: 5.000 W.

- Elevado: 8.000 W.

- Especial: requiere proyectar.

La determinación del nivel de electrificación se hace de acuerdo con el uso eléctrico previsto para la misma, así como en función de lo que determine el propietario de la misma. Sin embargo, si no se conoce la utilización ulterior de la instalación en la vivienda por ser un edificio en construcción sin propietario definido, entonces, el grado mínimo de electrificación dependerá de la superficie construida que tenga la vivienda, de acuerdo con los siguientes criterios:

Tabla 6.1. Niveles de electrificación por superficie y potencia

| Nivel de electrificación | Superficie máxima (m$^2$) | Demanda de potencia (W) |
|---|---|---|
| Mínimo | 80 | 3.000 |
| Medio | 150 | 5.000 |
| Elevado | 200 | 8.000 |
| Especial | Cualquiera | > 8.000 |

# 6.5.7 Características de los distintos niveles

Cada nivel de electrificación posee una serie de características propias. Éstas son las siguientes:

- **Nivel de electrificación mínimo.** Permite la utilización de alumbrado, lavadora sin calentador eléctrico de agua incorporado, frigorífico, plancha, radio, televisor y pequeños aparatos electrodomésticos. La previsión de potencia máxima es de 3 kW.

- **Nivel de electrificación medio.** Permite la utilización de alumbrado, cocina eléctrica, cualquier tipo de lavadora, calentador eléctrico de agua, frigorífico, radio, televisor y otros aparatos electrodomésticos. La previsión de potencia máxima es de 5 kW.

- **Nivel de electrificación elevado.** Permite, además de las utilizaciones de los aparatos correspondientes al nivel medio de electrificación, la instalación de un sistema de calefacción eléctrica y de acondicionamiento de aire. La previsión de potencia máxima es de 8 kW.

- **Nivel de electrificación especial.** Es el que corresponde a aquellas viviendas dotadas de gran número de aparatos electrodomésticos o aquéllas que posean potencias unitarias elevadas por aparatos o que dispongan de sistemas de calefacción eléctrica o de aire acondicionado, etc. Su potencia máxima se determinará para cada caso, pero siempre será superior a 8 kW.

# Capítulo 7

# CORRIENTE CONTINUA
·················································································

## 7.1 DEFINICIÓN

Una corriente continua es un flujo de electrones en un mismo sentido (Figura 7.1). Para obtener dicha corriente se necesita un generador de tensión cuya polaridad no varíe en el tiempo, como ocurre en pilas y baterías. Las dos características fundamentales, por tanto, de toda corriente continua (CC en castellano, DC en inglés) son:

- Flujo de electrones siempre en el mismo sentido.

- Polaridad constante.

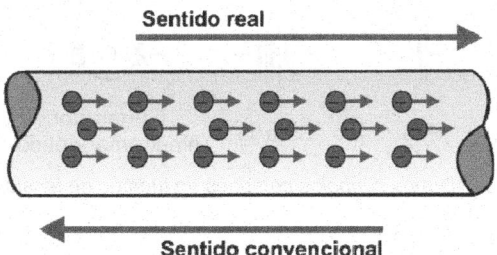

*Figura 7.1. Ilustración del concepto de corriente continua*

Los portadores de carga de una corriente continua pueden ser negativos o positivos, dependiendo de si se toma el sentido real o convencional de la circulación de corriente eléctrica (Figura 7.1). No obstante lo anterior, esto no cambia el hecho de que la corriente continua tiene un único sentido de circulación de los portadores de carga. Lo mismo sucede, por tanto, si los generadores entregan una tensión constante o variable en el tiempo pero mantienen la polaridad invariable (Figura 7.2).

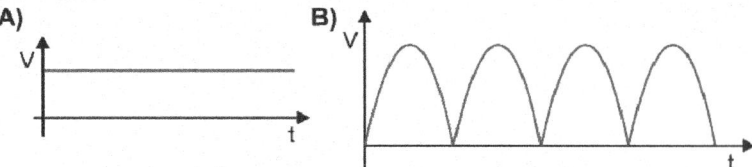

*Figura 7.2. Ejemplos de corriente continua. A) Corriente constante en tensión y polaridad. B) Corriente variable (pulsante) en tensión pero constante en polaridad*

Los símbolos más usuales de algunas fuentes de CC comunes se recogen en la Figura 7.3.

El descubrimiento de la CC se remonta a la invención de la primera pila por el científico Alejandro Volta (Figura 1.9). La corriente continua empezó a usarse como forma de transmisión de energía eléctrica a finales del siglo XIX gracias a los trabajos de Alva Edison. En el siglo XX el uso de ésta decayó a favor de la alterna, propuesta por el ingeniero Nikola Tesla, gracias a sus menores pérdidas energéticas en el transporte a largas distancias. También influyó en este hecho la capacidad de elevar o disminuir la tensión alterna de una manera muy sencilla mediante el empleo de transformadores.

A continuación presentamos una tabla que compara las características más importantes de ambos tipos de corriente: alterna y continua.

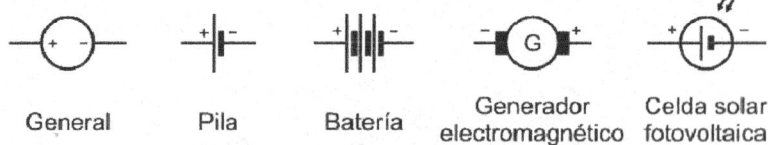

*Figura 7.3. Algunos símbolos comunes de fuentes de tensión de CC*

Tabla 7.1. Comparación entre una CA y una CC

|  | Corriente alterna | Corriente continua |
|---|---|---|
| Sentido de la corriente | Alterno | Fijo |
| Polaridad | Alterna | Fija |
| Magnitud de la tensión | Variable | Constante o variable |
| Amplificación | Sencilla | Compleja |
| Empleo de transformadores | Sencillo | No factible |

# 7.2 PRODUCCIÓN DE CORRIENTE CONTINUA

La fuerza electromotriz necesaria para que circule a lo largo de un circuito una CC puede ser suministrada por varios tipos de fuentes. **Pilas** y **baterías**, que trataremos a continuación con detalle, son las más conocidas y utilizadas. Éstas producen una fem mediante reacciones redox que se producen en su interior, véase Capítulo 1.

También es factible producir CC a partir de corriente alterna y otras formas de energía, como el calor, la luz o el electromagnetismo. En estos principios se fundamentan las fuentes de alimentación, las células fotovoltaicas, los generadores electromagnéticos o las celdas de combustible.

Las **fuentes de alimentación**, que se examinan con detalle en el libro *Electrónica Básica,* son circuitos electrónicos que obtienen una CC a partir de una CA. Generalmente, ésta última la suministra la red de distribución pública, pero también puede ser proporcionada por el alternador de un automóvil, por ejemplo. Como ya se dijo, el proceso por el cual una corriente alterna se transforma en una corriente continua se denomina **rectificación**.

Las **células solares** y **fotovoltaicas**, como ya vimos en el primer capítulo, obtienen una CC cuando se iluminan con fotones de suficiente energía. El fenómeno físico en el que se fundamentan es conocido como efecto **fotovoltaico**. Se obtiene así una fem de forma continua mientras incida radiación visible en la cara sensible de la célula.

# 7.2.1 Generador electromagnético

Todo generador electromagnético basa su funcionamiento en el fenómeno de la inducción. Para inducir una corriente eléctrica es necesario que el flujo magnético sea variable en el tiempo, lo que puede conseguirse moviendo un imán en las proximidades de una bobina o haciendo girar la bobina en el interior del campo magnético creado por el imán. Para hacer girar el imán o la bobina necesitamos energía mecánica; energía que puede obtenerse a partir de otras fuentes, como se ha visto a lo largo del libro. Si la corriente que se obtiene es alterna el generador electromagnético es un alternador (Capítulo 6). Si por el contrario la corriente que se produce es continua, tendremos una **dinamo** (Figura 7.4).

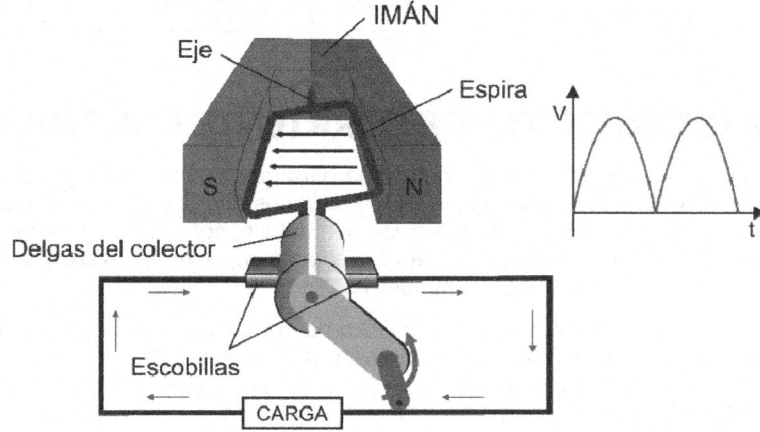

*Figura 7.4. Principio de funcionamiento de un generador de CC*

La corriente alterna que se induce en la bobina giratoria, **inducido**, cuando el campo magnético creado por un imán o electroimán fijos, **inductor**, atraviesa aquélla, se transforma en continua mediante la acción de un conmutador giratorio, solidario con el inducido, que se denomina **colector**. Éste es simplemente un anillo formado por unas láminas aisladas entre sí que se conocen como **delgas**. De aquí se conduce al circuito exterior mediante otros contactos fijos, de carbón, que se llaman **escobillas**.

# 7.2.2 Pilas y baterías

Las pilas y baterías forman una de las dos principales fuentes de corriente continua. Aprovechan las reacciones redox que se producen en su interior para generar entre sus dos terminales un campo eléctrico capaz de movilizar una corriente continua de tensión constante a lo largo de un circuito. Su escaso volumen y peso les hace ser enormemente empleadas como fuente de alimentación en innumerables equipos electrónicos, fijos o portátiles.

Ya en el primer capítulo, punto 1.5.4, se explicó someramente el funcionamiento de una celda básica: la pila Daniel. Reservamos el término **pila** a aquéllas que están constituidas por una única celda; mientras que son **baterías** las que están formadas por dos o más celdas. En este caso la tensión total entregada será la suma de los voltajes de cada una de las celdas básicas.

En la Figura 7.3 se muestran los símbolos que empleamos en los esquemas eléctricos para referirnos a una pila o batería. El electrodo positivo, o **ánodo**, se identifica con el signo +, mientras que el **cátodo**, o electrodo negativo, se corresponde con el signo –.

Las pilas se clasifican en dos grandes grupos: *primarias* y *secundarias*. La diferencia más destacable es que la pila secundaria es recargable, lo que significa que cuando la reacción química no puede suministrar más energía, puede restablecerse su estado químico original; es decir, puede recargarse.

## 7.2.2.1 PILAS Y BATERÍAS PRIMARIAS

Este tipo de pilas no se pueden reutilizar mediante la recarga; por lo que una vez agotadas es necesario reemplazarlas por una nueva. Las pilas primarias más comunes en el mercado son las de C-Zn, las alcalinas, las de litio y las de óxido de plata.

- **Pilas de carbono-cinc:** se denominan pilas secas, aunque estrictamente no sea así. Están formadas por las siguientes partes (Figura 7.5):

    a)   Un cilindro de Zn que constituye el cátodo o electrodo negativo.

    b)   Una barra de carbono ubicada en el centro y que constituye el ánodo.

    c)   Un electrolito formado por una pasta acuosa de cloruro de amonio y cloruro de cinc

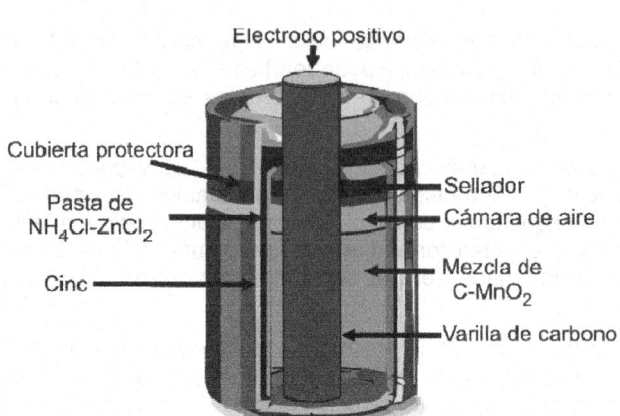

*Figura 7.5. Estructura de una pila seca*

Este tipo de pilas proporcionan una tensión nominal de 1,5 V por celda. Cuando la batería se ha descargado (tensión 1,1 V) es el momento de reemplazarla por una nueva. La tensión que suministra una pila no depende del tamaño, sino de los materiales que se emplean como electrodos y de la concentración de electrolitos. La diferencia de tamaño obedece a que cuanto mayor es la pila, más corriente puede proporcionar. Las pilas secas se identifican por su tamaño. Las más habituales, en volumen creciente, son: AAA, AA, C y D.

- **Pilas alcalinas:** las pilas y baterías alcalinas se diferencian de las secas, fundamentalmente, en que parte del electrolito se sustituye por una pasta alcalina de hidróxido de potasio. Poseen una mayor capacidad de corriente, aunque la misma tensión de 1,5 V que una pila seca. Su período de vida útil es mayor, pues no se descargan tan fácilmente cuando no están funcionando.

- **Pilas de ion litio:** suministran, en función del electrolito empleado, entre 1,8 y 3,6 V por celda y corrientes más altas que las pilas secas y alcalinas (Figura 7.6). Están compuestas por un cátodo de dióxido de manganeso ($MnO_2$), un ánodo de litio metálico (Li) y un electrolito que puede ser una solución de dióxido de azufre ($SO_2$) o de cloruro de tionilo ($SOCl_2$). Estas últimas, muy empleadas en el campo militar, proporcionan una tensión de 3,6 V y poseen la mayor densidad de energía disponible comercialmente.

*Figura 7.6. Diferentes tipos de pilas de ion litio*

- **Pilas de óxido de plata ($Ag_2O$):** proporcionan 1,5 V por celda. El ánodo es un gel de cinc pulverizado y el cátodo una combinación de óxido de plata y dióxido de manganeso en un electrolito alcalino de hidróxido de sodio o potasio (Figura 7.7). Son muy empleadas en relojes y pequeños dispositivos fijos o portátiles.

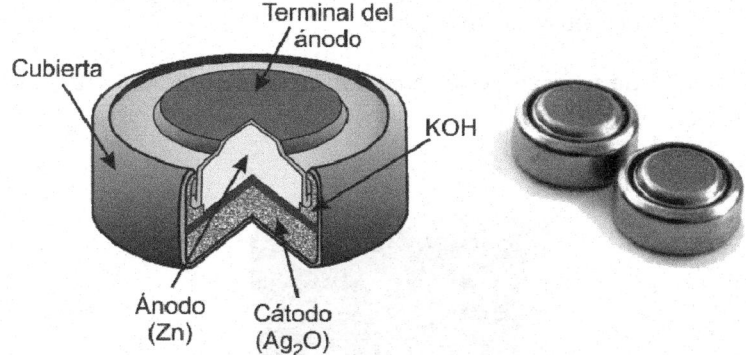

*Figura 7.7. Pilas de óxido de plata y su estructura interna. Proporcionan una tensión de 1,5 V en un reducido espacio, por lo que se emplean mucho en pequeños dispositivos*

## 7.2.2.2 PILAS Y BATERÍAS SECUNDARIAS

A este grupo pertenecen aquéllas en las que pueden restablecerse las condiciones iniciales mediante la acción externa de una corriente eléctrica continua opuesta a la de descarga. Ello es posible gracias a que los electrodos no se destruyen en el transcurso de la reacción química que genera el flujo electrónico. Este proceso de restablecimiento de las condiciones iniciales se denomina **recarga**. En función de los materiales con los que se fabrican se clasifican en:

- **Pilas y baterías de plomo ácido:** suministran 2 V por celda. Cada celda está formada por:

    a)  Un recipiente aislante y resistente a la corrosión.

    b)  Una placa de plomo en forma de rejilla recubierta de dióxido de plomo que actúa como ánodo.

    c)  Una placa de plomo, también en forma de rejilla, que sirve de cátodo.

    d)  Una solución acuosa de ácido sulfúrico que actúa de electrolito. Es bastante habitual emplear cada vez más electrolitos en forma de gel, lo que facilita mucho la manipulación de éstas.

    Se fabrican típicamente con voltajes de 2, 4, 6, 12 y 24 V (Figura 7.8).

*Figura 7.8. Batería recargable de plomo ácido*

La **capacidad** de pilas y baterías se mide en amperios hora (Ah). Ésta indica la cantidad de carga eléctrica que puede proporcionar en condiciones específicas de descarga. Por ejemplo, si una batería tiene una capacidad de 50 Ah significa que puede proporcionar una corriente de 50 A durante una hora. Si la carga fuera de 1 A, duraría hasta 50 horas. Estas baterías, cuya capacidad puede llegar a los 500 Ah, se emplean fundamentalmente para alimentar los sistemas eléctricos de los vehículos.

- **Pilas y baterías de Ni-Cd:** suministran 1,2 V por celda. Se empleaban fundamentalmente para alimentar teléfonos inalámbricos, ya en desuso por otras tecnologías, como las de ion litio. Estas pilas y baterías están constituidas por:

  a)   Un ánodo de hidróxido de níquel.

  b)   Un cátodo de cadmio.

  c)   Un electrolito de hidróxido de potasio.

  Se identifican por su tamaño (AAA, AA, C, D) y por la corriente que suministran. Pueden proporcionar corrientes altas en forma continua y tienen una vida útil de 2 a 4 años. La eficiencia de éstas se ve reducida por lo que se denomina **efecto memoria**, que se produce cuando no se dejan descargar totalmente antes de recargarlas de nuevo.

- **Pilas y baterías de níquel-metal-hidruro (Ni-MH):** suministran también 1,2 V por celda. Comercialmente se distribuyen con las mismas prestaciones que las anteriores y se identifican de la misma manera. Son más costosas, pero ofrecen hasta un 50% más de capacidad que las de Ni-Cd y además su efecto memoria es casi nulo, por lo que su vida media aumenta considerablemente. Pueden usarse como reemplazo exacto de una pila alcalina en casi todos los equipos y se recomienda en aquéllos que necesiten sustituir las pilas frecuentemente.

- **Pilas y baterías de ion litio y de polímero de litio:** éstas han sido las últimas en introducirse en el mercado. Ofrecen entre 3 y 4,3 V por celda sin apenas efecto memoria y pueden llegar a ofrecer cantidades muy altas de energía (Figura 7.9). Poseen un ciclo de vida relativamente largo para su tamaño. Las baterías de ion litio (Li-ion) utilizan un ánodo de grafito y un cátodo de óxido de cobalto, óxido de manganeso o trifilina (un fosfato de hierro y litio). Para aumentar su vida media se aconseja evitar las cargas y descargas excesivas y las temperaturas extremas.

*Figura 7.9. Baterías recargables de ion litio y polímero de litio*

Las baterías de polímero de litio (LiPo) son una variación de las anteriores. Permiten obtener mayores densidades de energía y una tasa de descarga mayor, además de que su tamaño es más reducido; por lo que se aconseja su uso en equipos portátiles que requieran potencia y duración, como los ordenadores portátiles, teléfonos móviles, agendas electrónicas, etc.

# 7.2.3 Celdas de combustible

Una pila de combustible, también conocida como célula o celda de combustible, es un dispositivo electroquímico de conversión de energía similar a una batería, pero se diferencia de ésta en que está construida para permitir la realimentación continua de los reactivos consumidos; es decir, produce electricidad a partir de una fuente externa de combustible y de oxígeno. Así que no posee la limitada capacidad de almacenamiento de energía que posee una batería. Además, los electrodos en una celda de combustible son catalíticos (no se consumen) y relativamente estables.

Los reactivos típicos utilizados en una pila de combustible son hidrógeno, en el lado del ánodo y oxígeno en el lado del cátodo (si se trata de una celda de hidrógeno). Por otra parte, las baterías convencionales consumen reactivos sólidos y, una vez que se han agotado, deben ser eliminadas o recargadas con electricidad.

En una pila de membrana intercambiadora de protones (o electrolito polimérico) hidrógeno/oxígeno, una membrana polimérica conductora de protones, que actúa como electrolito, separa el lado del ánodo del lado del cátodo (Figura 7.10).

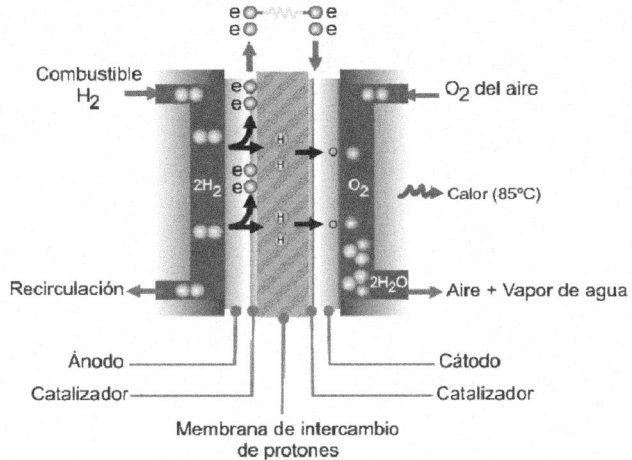

*Figura 7.10. Pila de combustible hidrógeno/oxígeno*

El hidrógeno que llega al ánodo catalizador se disocia en protones y electrones. Los protones son conducidos a través de la membrana intercambiadora al cátodo, pero los electrones están forzados a viajar por un circuito externo, como el motor de un vehículo, para producir energía. En el catalizador del cátodo las moléculas de oxígeno reaccionan con los protones y los electrones que provienen del circuito externo para formar agua. En este ejemplo mostrado en la Figura 7.10, el único residuo es vapor de agua.

La tensión de celda depende de la corriente de carga. El voltaje en circuito abierto es de aproximadamente 1,2 V; por lo que las celdas se agrupan combinándolas en serie y en paralelo en un número, generalmente superior a 45, que varía según el diseño.

Al convertir las pilas de combustible la energía química en eléctrica directamente, obtienen un rendimiento bastante alto en comparación con el de los motores de combustión, entre un 40 y un 60%.

Las celdas de combustible son muy útiles como fuentes de energía en lugares remotos, como por ejemplo en naves espaciales. Un sistema con celda de combustible que funciona con hidrógeno puede ser compacto, ligero y no tiene piezas móviles importantes. Pueden emplearse como sistemas auxiliares de energía, como apoyo a la red eléctrica o en los motores de vehículos eléctricos, como en el FCX Clarity de Honda, que se comercializa en Japón y Estados Unidos.

# Capítulo 8

# MEDICIONES ELÉCTRICAS
·······································································

## 8.1 INTRODUCCIÓN

Adquirir unos conocimientos básicos sobre electricidad lleva aparejado conocer muy bien cómo se pueden medir determinadas magnitudes esenciales en el campo de la electricidad; entre otras: intensidad, voltaje y resistencia.

Ya en el Capítulo 2 describimos someramente los conceptos elementales que rigen el comportamiento de la electricidad y que serán esenciales en su aplicación práctica: la electrónica. Ahora es el momento de profundizar un poco más en qué es medir.

Medir es comparar una magnitud con su patrón de referencia. Así, cuando queremos medir la longitud de algo la comparamos con el patrón de referencia de dicha magnitud, que en el Sistema Internacional de medidas es el metro, y para ello usamos algún instrumento que mida longitudes, como una regla, un flexómetro, una cinta métrica, etc. En el mundo de la electricidad y la electrónica la medición de magnitudes como corriente, tensión, continuidad y resistencia eléctricas resulta esencial y es bueno que todo aficionado a este campo sepa cómo realizarlas.

Dentro de los instrumentos de medida que podemos citar como fundamentales destacan: el amperímetro, el voltímetro y el óhmetro. Los instrumentos se clasifican en función del tipo de corriente que se desea medir, según la forma en que se utiliza el mismo, en función de la forma de lectura o presentación de la media, etc. Éstos son los instrumentos que ahora veremos como complemento a los capítulos anteriores.

## 8.2 INSTRUMENTO BÁSICO DE MEDIDA

A través de los años se han ido ideando y construyendo distintos instrumentos para la medición de la corriente. Todos, básicamente, funcionan del mismo modo y son modificaciones de un sencillo instrumento que se denomina galvanómetro D´Arsonval. Su modo de trabajar se basa en el efecto magnético que genera una corriente, por pequeña que sea, al pasar por una bobina (Figura 8.1).

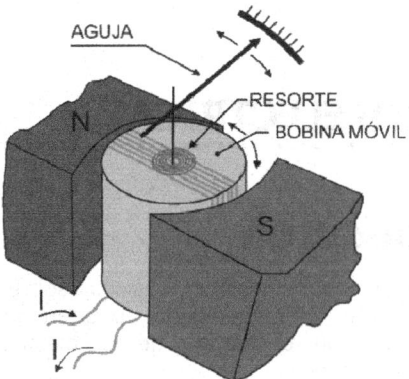

*Figura 8.1. Principio de funcionamiento del galvanómetro D'Arsonval*

La bobina, a la que se une la aguja de medida, se convierte en un electroimán cuando la corriente circula por ella. Debido a las fuerzas magnéticas de atracción y repulsión, la bobina intentará girar de modo que los polos diferentes queden tan cerca como sea posible. Al movimiento de la bobina se opondrán las fuerzas mecánicas de los resortes en espiral. Si aumenta la corriente en la bobina móvil, el efecto magnético se intensificará y la bobina girará mucho más. El valor de la corriente se indica sobre la escala graduada de medida. Cuando cesa, el resorte en espiral o pelo hace que la aguja regrese a la marca de cero.

Este tipo de mediciones únicamente funciona con corriente continua y tiene un uso muy limitado, por lo que sólo podrían ser utilizados como microamperímetros o miliamperímetros.

# 8.3 CLASIFICACIÓN DE LOS APARATOS

Los equipos de medida utilizados en electricidad o en electrónica se clasifican de diferentes formas:

1. **Según el tipo de corriente que miden:**

   - Para medir corriente continua (CC/DC).

   - Para medidas de corriente alterna (CA/AC).

   - Para medir ambos tipos: alterna y continua. Éstos son los denominados medidores universales.

   Sobre el tablero del equipo de medida aparecerá marcado el tipo de corriente que permite medir.

2. **Según la forma en la que se usan:**

   - *Fijos:* fabricados para ser ubicados en paneles o tableros cuando se necesita una indicación permanente de una magnitud (Figura 8.2A).

   - *Portátiles:* son aquéllos que pueden transportarse de un lugar a otro para realizar mediciones *in situ* (Figura 8.2B).

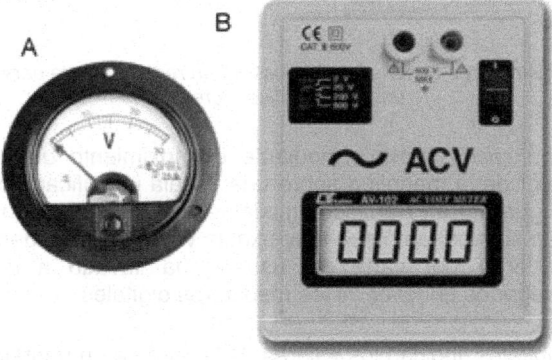

*Figura 8.2. Diferentes tipos de medidores. A) Voltímetro analógico de CC para tablero o panel. B) Voltímetro digital de CA portátil*

## 3.  Según la forma de lectura:

- *Contadores:* registran mediante ruedas numeradas el valor de una medida. Un ejemplo es el contador de consumo eléctrico que tenemos instalado en nuestra vivienda.

- *Registradores:* son aquéllos que mediante una aguja y un papel especial trazan de forma continua el valor de la magnitud. Existen también registradores videográficos que recogen la información sobre una pantalla LCD y la almacenan para interpretarse con el software específico. Se emplean sobre todo en las centrales eléctricas para analizar los valores durante las 24 horas del día (Figura 8.3).

*Figura 8.3. Registradores de tensión. Se observa un registrador de papel, izquierda, y uno videográfico, derecha*

- *Analógicos:* indican mediante el movimiento de una aguja el valor de la magnitud sobre una escala identificada con números (Figura 8.2A). Han sido ampliamente utilizados, pero el hecho de que su lectura no sea muy exacta y las posibilidades de cometer un error por parte del usuario ha llevado a que se vean relegados en favor de los medidores digitales.

- *Digitales:* indican los valores de la medida en pantallas de cristal líquido (LCD). La lectura es más fácil, rápida y precisa (Figura 8.2B).

Como dijimos al principio, vamos a considerar a continuación los tres aparatos de medida básicos en electricidad y electrónica: el amperímetro, el voltímetro y el óhmetro.

# 8.4 EL AMPERÍMETRO

Es un instrumento diseñado para medir la intensidad o amperaje de una corriente eléctrica (continua o alterna) que circula por un circuito eléctrico o electrónico.

Usualmente se utiliza para medir la corriente que recorre algún componente específico o la intensidad total que consume el circuito en cuestión. Para llevar a cabo la medida es evidente que la corriente debe atravesar el instrumento de medida; así pues, el amperímetro debe estar integrado en el circuito y conectado en serie con el elemento que se prueba (Figura 8.4).

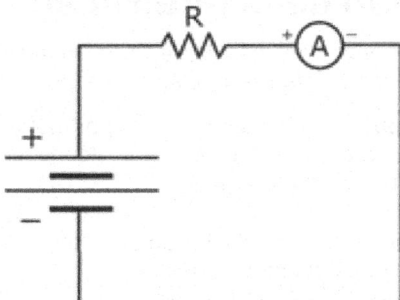

*Figura 8.4. Conexión de un amperímetro en un circuito de CC*

Es muy importante no conectar los dos terminales del amperímetro directamente a los bornes de una pila o a los del componente de prueba porque, en ese caso, habremos provocado un cortocircuito y la destrucción del aparato.

# 8.4.1 Partes de un amperímetro analógico

En la Figura 8.5 se muestra la imagen de un amperímetro analógico. En él puede observarse sus partes básicas: el tablero, la magnitud de medida, la escala de medida, la aguja de lectura, el tornillo de ajuste, los bornes de conexión y la máxima capacidad de medida del aparato.

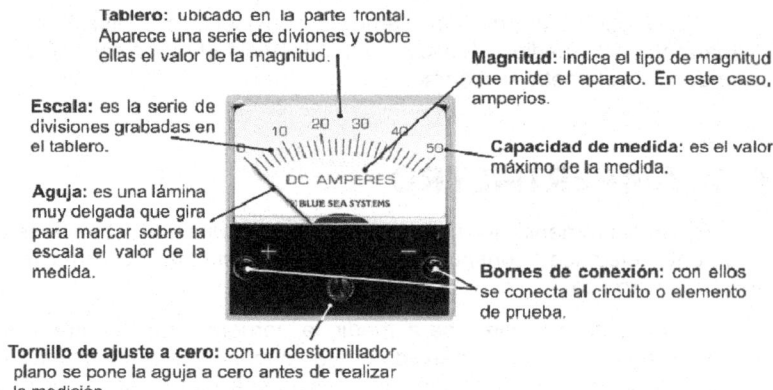

**Tablero:** ubicado en la parte frontal. Aparece una serie de diviones y sobre ellas el valor de la magnitud.

**Magnitud:** indica el tipo de magnitud que mide el aparato. En este caso, amperios.

**Escala:** es la serie de divisiones grabadas en el tablero.

**Capacidad de medida:** es el valor máximo de la medida.

**Aguja:** es una lámina muy delgada que gira para marcar sobre la escala el valor de la medida.

**Bornes de conexión:** con ellos se conecta al circuito o elemento de prueba.

**Tornillo de ajuste a cero:** con un destornillador plano se pone la aguja a cero antes de realizar la medición.

*Figura 8.5. Partes de un amperímetro analógico de CC*

# 8.4.2 Medición de la intensidad

Los pasos que han de darse para realizar una medida de intensidad en un circuito pueden resumirse en los siguientes:

- **Primer paso:** seleccionar el amperímetro según el tipo de corriente que vayamos a medir (continua o alterna) y su capacidad máxima de medida.

- **Segundo paso:** abrir el interruptor principal del circuito donde se va a medir la corriente (Figura 8.6).

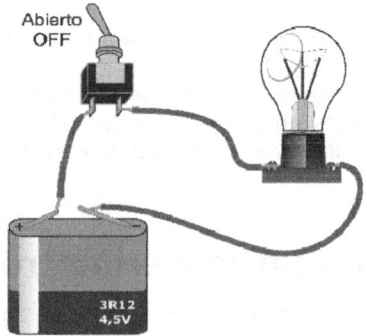

*Figura 8.6. Desconexión del interruptor principal*

- **Tercer paso:** desconectar uno de los conductores que forma parte del circuito para conectar en este punto el amperímetro (Figura 8.7).

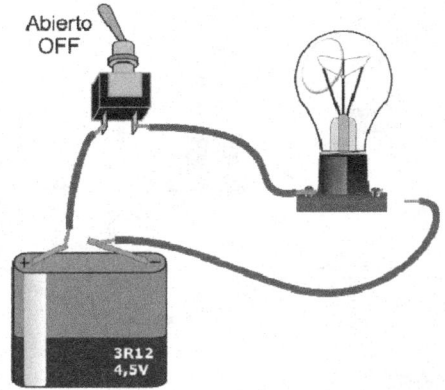

*Figura 8.7. Desconexión de uno de los conductores*

- **Cuarto paso:** conectar el amperímetro en ese punto y en serie tal y como se muestra en la Figura 8.8. Es necesario asegurarse de que se conecta con la polaridad correcta.

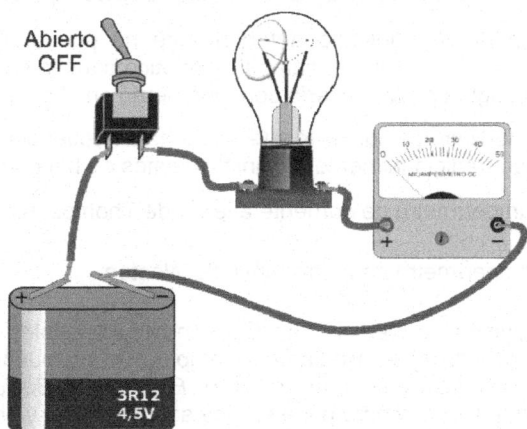

*Figura 8.8. Conectar el amperímetro*

- **Quinto paso:** verificar las conexiones y cerrar el interruptor principal del circuito (Figura 8.9). Colocarse frente al aparato de medida de manera que se vea la aguja perfectamente de frente y efectuar la lectura. Habrá de tenerse en cuenta la escala de medida y su magnitud.

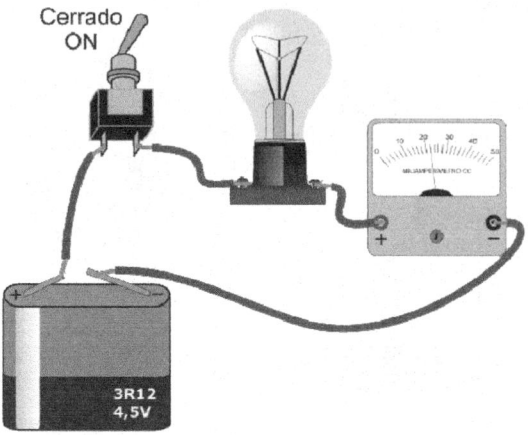

*Figura 8.9. Verificar las conexiones y cerrar el interruptor*

# 8.4.3 El amperímetro de corriente alterna

El amperímetro descrito anteriormente no puede utilizarse para medir corriente alterna, ya que el campo magnético cambia constantemente de dirección y la aguja permanecería continuamente en el cero de la escala.

En la medición de corriente alterna de baja frecuencia, hasta 60 Hz, se han empleado tradicionalmente dos instrumentos de baja precisión:

- El amperímetro de corriente alterna de Thompson.

- El amperímetro de hierro móvil de Weston.

Los equipos de medición de CC son muy sensibles y poseen un bajo consumo de corriente. Mediante el empleo de un puente de diodos rectificadores, que se estudia en el libro *Electrónica Básica*, podemos asegurarnos de que la corriente pasa en una sola dirección y obtener así las mismas ventajas que con los anteriores.

Independientemente del modo de construcción de un amperímetro para corriente alterna, siempre debe ser conectado en serie.

# 8.5 EL VOLTÍMETRO

Es un instrumento diseñado para medir el voltaje o la tensión en una corriente continua o alterna. Esta diferencia de potencial puede proceder de una fuente de alimentación como una pila, batería, un enchufe o de dos puntos cualesquiera de un circuito eléctrico o electrónico.

El voltímetro se construye usando el mismo sistema electromecánico del amperímetro; es decir, un conjunto formado por imanes, una bobina y una aguja de lectura. En el caso del voltímetro se añade una resistencia en serie con la bobina móvil para limitar la corriente que circula por ella y asegurarse de que la lectura se da dentro de la escala.

El voltímetro se conecta en paralelo con la fuente o con el receptor de corriente que actúe como carga (Figura 8.10).

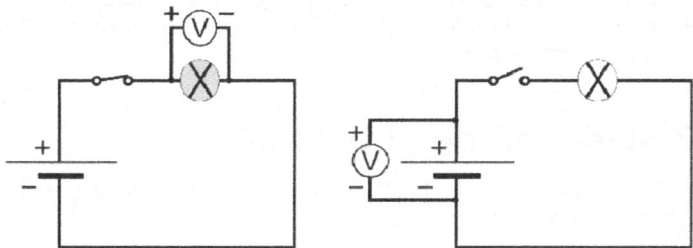

Figura 8.10. Conexión de un voltímetro para medir la tensión. A la izquierda, conectado a una carga; a la derecha, a la fuente de tensión

Puesto que la resistencia interna del voltímetro es muy grande, la conexión en paralelo entre dos puntos de un circuito no afecta para nada al funcionamiento de éste. Cuanto mayor sea la resistencia interna, menor será el efecto que se produce al conectarlo en nuestro circuito.

Como los amperímetros, los voltímetros se fabrican con diferentes escalas según el voltaje máximo que se vaya a medir y, como aquéllos, se construirán para corriente alterna o continua y serán portátiles o para tablero o panel.

Antes de conectar un voltímetro hemos de conocer aproximadamente el valor de la tensión que se espera encontrar en ese punto de medida a fin de usar un instrumento con la escala adecuada. Si el valor es demasiado pequeño en comparación con el valor máximo de la escala utilizada, la aguja prácticamente no se moverá, lo que dificultará obtener una lectura exacta. Por otro lado, si la tensión en el punto de medida es mucho más alta que la tensión máxima del voltímetro, se corre el riesgo de dañarlo irreparablemente.

# 8.5.1 El voltímetro de corriente continua

El voltímetro de CC posee una resistencia interna muy elevada en serie con la bobina móvil. Esta resistencia se denomina **resistencia multiplicadora** o de **conversión**. Estos voltímetros, como ocurre con los amperímetros de corriente continua, son polarizados; es decir, que tienen un borne positivo y negativo que han de conectarse con idéntica polaridad a la fuente de tensión o puntos del circuito donde realizaremos la medida.

# 8.5.2 El voltímetro de escalas múltiples

Este es un voltímetro de CC que posee varias escalas en el mismo tablero, con lo que es posible realizar un gran número de medidas con el mismo instrumento. No obstante, debido al bajo coste y rápida expansión de los polímetros o multímetros, que veremos en el próximo capítulo, prácticamente ha sido erradicado.

# 8.5.3 Medición de la tensión

Para realizar una medida de voltaje en un circuito deben seguirse los siguientes pasos:

- **Primer paso:** seleccione el voltímetro según la clase de corriente y su capacidad máxima de medida. Para el ejemplo se ha elegido un voltímetro de CC de 10 V, para que así la medida quede centrada sobre la escala.

- **Segundo paso:** sitúe las puntas de prueba del instrumento en paralelo con el elemento del circuito donde se desea medir el voltaje. Como el ejemplo que vamos a ver es de un circuito de corriente continua, tendremos que tener en cuenta la polaridad del mismo (Figura 8.11). Una de las puntas de prueba es de color rojo, que se une al punto positivo (+); la otra suele ser de color negro, y se une al punto negativo (–). Si invertimos la conexión la aguja no se moverá del cero de la escala y podría destruirse el voltímetro.

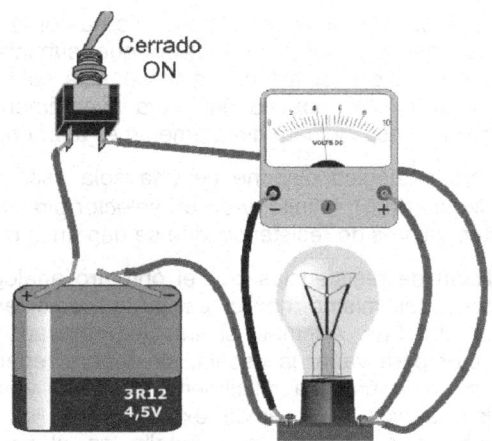

*Figura 8.11. Conexión de un voltímetro a una bombilla*

- **Tercer paso:** colocarse frente al aparato de medida y leer el valor. En la figura anterior se leería 4,4 V.

## 8.5.4 El voltímetro de corriente alterna

Al igual que ocurre con los amperímetros de CA, los voltímetros de CC no pueden usarse para realizar mediciones en circuitos de CA. Se necesita, por tanto, utilizar un sistema conversor de alterna a continua, un rectificador. Éste viene integrado dentro del mismo equipo de medida.

La lectura que se obtiene en estos aparatos se denomina voltaje o tensión eficaz, del que ya hablamos en el Capítulo 6.

## 8.6 EL ÓHMETRO

Éste es el tercer instrumento básico de medida en electricidad o electrónica y posee importantes aplicaciones; entre ellas: medición de resistencias, comprobación de continuidad eléctrica en los circuitos y del aislamiento de los equipos eléctricos o electrónicos.

El hecho de que se denomine óhmetro u ohmímetro se debe a que principalmente mide resistencia eléctrica y, como sabemos, su unidad de medida es el ohmio. En el interior de éste existe una batería, resistencias en serie y una bobina móvil idéntica a la ya vista para el amperímetro o voltímetro. Para medir la resistencia emplea la ley de Ohm. El instrumento hace circular la corriente que suministra la pila interna por la resistencia y la hace pasar por la bobina. Como la tensión que suministra la pila es constante, la corriente que circulará por la resistencia sólo es función del valor de la resistencia, $I = V/R$; por ello, ésta será inversamente proporcional al valor de la corriente y nos indicará directamente el valor óhmico buscado.

El óhmetro analógico dispone de una sola escala graduada de derecha (0 $\Omega$) a izquierda (:), infinito, y de un selector giratorio que permite cubrir los diferentes valores de resistencia que se dan en la práctica.

La medición de resistencias con el óhmetro análogo es sencilla, pero la calibración del mismo no lo es tanto como en el caso de amperímetros y voltímetros. Además, si una vez calibrado cambiamos la posición del selector para variar la escala, se deberá repetir de nuevo la calibración. Como en la práctica difícilmente se va a encontrar con un óhmetro analógico, debido a la rápida expansión de los multímetros o polímetros digitales, que veremos con detalle en el próximo capítulo, dejaremos la medición de resistencias para entonces.

# Capítulo 9

# EL POLÍMETRO
· · · · · · · · · · · · · · · · · · · · · · · · · · · · · · · · · · · · · · · · · · · · · · · · · · · · · · · ·

## 9.1 INTRODUCCIÓN

El polímetro o multímetro es el instrumento de medida más extendido en electricidad y electrónica; tanto en el campo de los técnicos como en el de los aficionados a esta apasionante rama de la Tecnología. Es un instrumento multifuncional con el que se puede realizar un enorme número de medidas. Los más sencillos realizan las siguientes operaciones:

- Medidas de tensión en CA y CC.

- Medidas de intensidad en CC.

- Medidas de resistencia.

- Medidas de continuidad eléctrica.

Algunos modelos más complejos incluyen la posibilidad de realizar pruebas de diodos, transistores, condensadores, medidas de frecuencia, intensidad de luz, temperatura, etc.

Existen multímetros analógicos y digitales, según presenten el resultado de la lectura mediante una aguja indicadora o por medio de una pantalla LCD, respectivamente. La facilidad de uso de los polímetros digitales, la exactitud de las medidas y su bajo precio (desde 8 €) han hecho desaparecer, prácticamente, a los multímetros analógicos.

# 9.2 EL MULTÍMETRO DIGITAL

El polímetro o multímetro es el instrumento de medida más extendido en electricidad y electrónica. Muestra la medida directamente en su pantalla LCD mediante números, lo que facilita su lectura y aumenta la precisión (Figura 9.1).

*Figura 9.1. Pantalla de un polímetro digital. Se aprecia una lectura de 16,7 mV en tensión continua*

Al igual que los polímetros analógicos, los digitales poseen dos partes principales: el tablero superior, que se reduce a una pantalla LCD, y el inferior, que incluye el interruptor selector de rangos y funciones y las clavijas o bornes para las puntas de prueba. En la Figura 9.2 se muestra un modelo típico de multímetro digital. El número de funciones y las características de cada uno dependerá de la calidad del mismo, lo que evidentemente se reflejará en el precio. Todos ellos incluyen una batería, normalmente de 9 V, para alimentar sus circuitos internos y para hacer circular la corriente necesaria para medir la resistencia eléctrica de un elemento dado. Es importante no dejar que su batería baje mucho de nivel, pues en este caso las medidas no serían muy precisas. Algunos llevan indicación de batería baja, momento en el que obligatoriamente habrá de cambiarse.

El interruptor selector de funciones posee una doble función. Por un lado permite elegir el tipo de medida que quiere realizarse (tensión, intensidad, continuidad...) y por otro elegir la escala de medida más adecuada. En la Figura 9.2 el selector está ubicado en la función de voltaje en CC (DCV) y en la escala de 20 V.

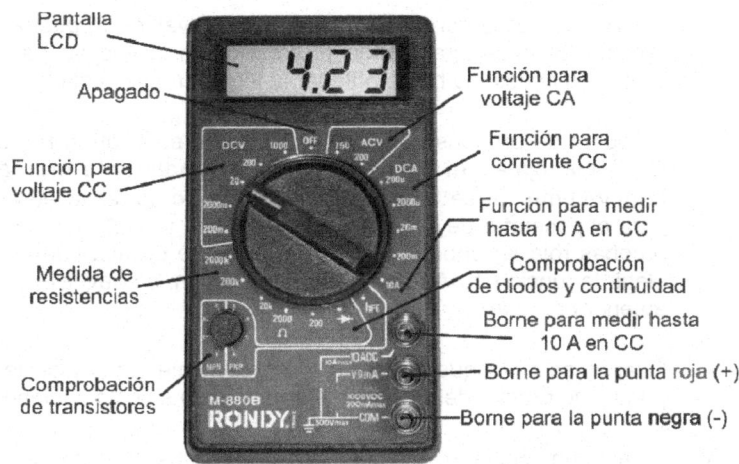

*Figura 9.2. Aspecto y funciones de un polímetro digital típico*

# 9.3 PRECAUCIONES CON LOS POLÍMETROS

Antes de estudiar cómo se toman de forma adecuada las distintas medidas, es preceptivo realizar algunas consideraciones importantes con este tipo de multímetros para evitar posibles daños y lecturas erróneas.

- Manténgalo apagado cuando no lo utilice. Si durante un largo período de tiempo no va a usarlo es conveniente retirar la batería, con más motivo si no es alcalina.

- Guárdelo en un sitio limpio y seco en su estuche para que no se golpee ni arañe la pantalla LCD. No lo exponga a temperaturas extremas ni a la luz solar directa.

- Antes de realizar una medición habrá de asegurarse de la posición en la que ha de estar el selector de funciones, puesto que una selección errónea podría dañar el instrumento. Una tensión o una corriente más elevadas que la escala seleccionada o la circulación de una corriente cuando se está midiendo una resistencia, son las causas más habituales de avería en estos instrumentos. En la Figura 9.2 se ha dispuesto el multímetro para medir la tensión de una batería de petaca de 4,5 V; así que el selector se ha puesto en voltaje continuo para una escala de 20 V. Si observa la imagen, la escala inferior mide hasta 2 V. Como norma, si no sabemos el valor que podríamos obtener en la lectura, ponga el selector en la escala mayor y baje si es necesario hasta obtener la lectura más exacta.

- La punta de pruebas negra siempre ha de estar en la posición COM y la roja en el borne positivo, normalmente marcado con V-Ω-mA. Si se realiza una medición de corriente elevada, para el polímetro de la Figura entre 200 mA y 10 A, la punta de pruebas roja se deberá insertar en el borne de alta corriente y elegir la función 10 A. Finalizada la medición, se devolverá a su anterior posición.

- Cuando se modifique la escala es conveniente retirar una de las puntas de prueba del circuito o elemento que se está midiendo.

- Trate con cuidado las puntas de prueba (Figura 9.3) y especialmente evite que entren en contacto con los soldadores de estaño.

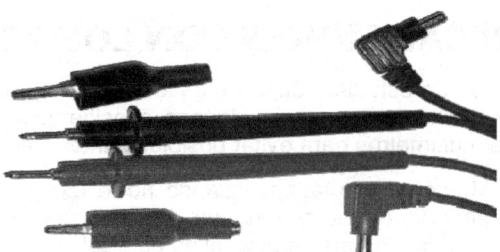

*Figura 9.3. Puntas de prueba con pinzas de cocodrilo adicionales*

# 9.4 EL POLÍMETRO COMO ÓHMETRO

Con esta función podemos medir resistencias, conductores, fusibles, bobinas, etc. El modelo de la Figura 9.2 posee cinco escalas: 200, 2.000, 20 k, 200 k y 2.000 k. Se seleccionan según el valor óhmico que cabe esperar en la medida. Es muy **importante** que recuerde que para esta medición es indispensable que no circule corriente por el elemento de prueba. En estos multímetros digitales no es necesario realizar ninguna calibración. Si comprobamos la lectura al unir las puntas obtendremos una medida de 0 Ω.

Una vez tomadas las medidas de precaución antes comentadas, basta con unir las puntas de prueba con los terminales del elemento. En ese instante aparecerá en la pantalla el valor de la resistencia; tal y como se observa en la Figura 9.4.

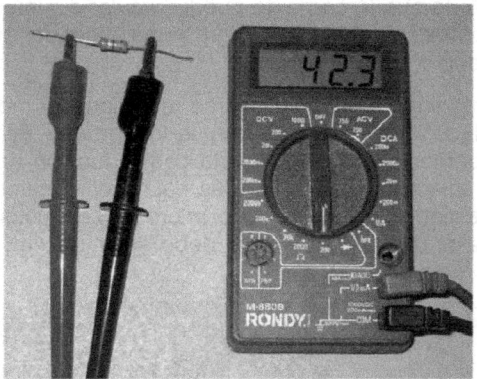

*Figura 9.4. Comprobación de una resistencia de 43 Ω*

Si la resistencia que deseamos comprobar se encuentra integrada en un circuito, además de la precaución de desconectar el interruptor general del mismo, es necesario, para que la lectura sea adecuada, desoldar al menos un extremo de la resistencia, como se muestra en la Figura 9.5. De este modo evitamos que parte de la corriente empleada por el polímetro circule por el resto de elementos y leamos una medida inferior a la real.

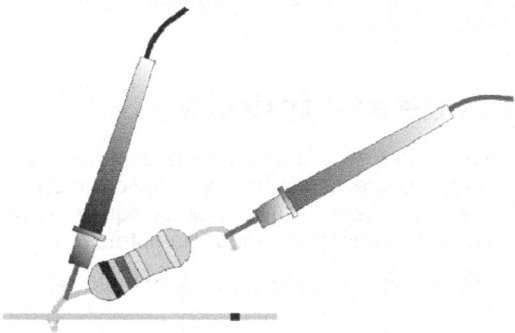

*Figura 9.5. Forma correcta de medir una resistencia en un circuito impreso*

## 9.4.1 Medidas de continuidad

Un segundo uso del polímetro digital como óhmetro, de enorme importancia en electricidad y electrónica, es la medida de continuidad; es decir, asegurarse de que la corriente puede circular sin interrupción alguna. Muchos componentes o cables pueden verse bien en apariencia y, sin embargo, no estarlo.

Estas medidas pueden hacerse en algunos modelos con una función especial de continuidad o con la de prueba de diodos. Si no, simplemente podemos medir continuidad con la función de óhmetro. Para ello llevamos el selector a la escala más baja y conectamos las puntas al elemento en cuestión: pista de circuito impreso, conductor, fusible, etc. y verificamos el valor de la lectura, que debe estar próximo a cero (Figura 9.6).

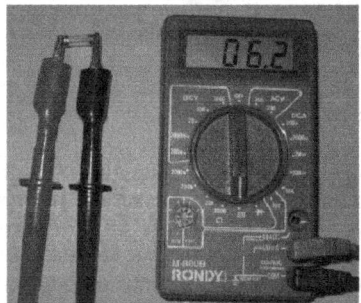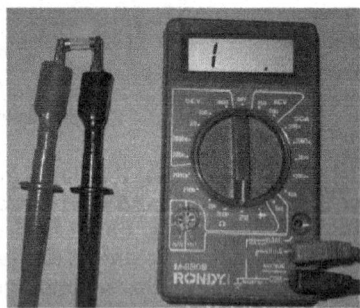

*Figura 9.6. Medidas de continuidad en un fusible. El fusible de la imagen de la izquierda se encuentra en perfecto estado, mientras que el de la derecha estaría fundido, pues no existe continuidad*

## 9.4.2 Fugas de aislamiento

Son aquéllas que se producen generalmente por el contacto de conductores desnudos sobre la estructura metálica interna de un equipo, electrodoméstico, etc. En estas situaciones cualquier persona u operario podría recibir una descarga eléctrica al tocar la estructura.

Para medir fugas de aislamiento debemos seguir los siguientes pasos:

• Desconecte el equipo de la red eléctrica.

• Seleccione en el polímetro la escala más baja de resistencia.

- Tome las puntas de prueba y coloque la punta roja sobre una de las patillas de la toma de alimentación del equipo (Figura 9.7A). La punta negra se debe colocar haciendo contacto con el chasis del aparato en una zona donde no exista pintura o cualquier otro aislante (Figura 9.7B). Si la pantalla muestra algún valor de resistencia es que existe una fuga de aislamiento. En caso contrario, cambie la punta roja a la otra patilla del enchufe y repita la operación. Siempre que exista contacto a tierra será necesario reparar el equipo cuanto antes.

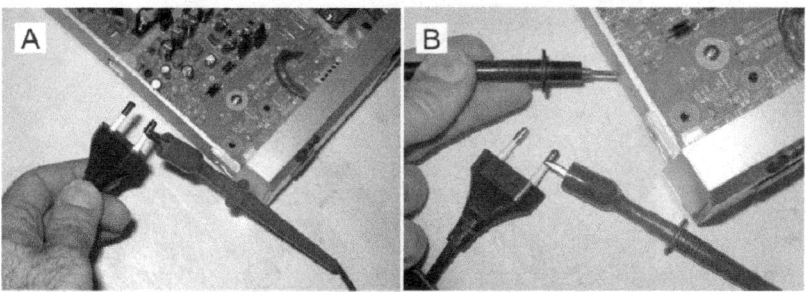

*Figura 9.7. Procedimiento para hallar fugas de aislamiento. Se comprueba si el multímetro marca algún valor de resistencia para las dos patillas de la clavija*

## 9.5 MEDIDA DE TENSIÓN EN CC (DCV)

Una vez que sabemos el valor aproximado de la medida de tensión que cabe esperar en el elemento de prueba, seleccionamos la posición correcta del selector. El modelo de polímetro usado en la Figura 9.2 posee cinco escalas: 200 mV, 2.000 mV, 20 V, 200 V y 1.000 V. Si no conocemos previamente el valor, seleccionaremos el más alto de la escala para ir bajando luego hasta obtener la lectura precisa.

Para realizar la medida se conecta la punta de prueba roja al punto positivo y la negra al negativo. En ese momento aparecerá en la pantalla LCD la tensión presente. Si las puntas se conectan por equivocación o desconocimiento al contrario, la pantalla mostrará el mismo valor pero con signo negativo. No hay que temer por la rotura del polímetro; al contrario de lo que ocurría con los analógicos. Nunca intente medir tensiones mayores a la máxima de su instrumento de medida. En el caso que nos ocupa, 1.000 V.

## 9.6 MEDIDA DE TENSIÓN EN CA (ACV)

Nuestro modelo tiene dos escalas: 200 V y 750 V. Según la medida que vayamos a realizar elegiremos una u otra. Las puntas de prueba pueden conectarse en cualquier posición, puesto que la corriente alterna no posee una polaridad fija. En la Figura 9.8 se aprecia cómo se mide la tensión de una toma de corriente doméstica. Como el valor esperado es superior a 200 V, el selector se pondrá en 750 V.

*Figura 9.8. Medida de la tensión alterna de una toma de corriente de 220 V*

## 9.7 MEDIDA DE INTENSIDAD EN CC (DCA)

La medida de la corriente que consume un circuito, un componente específico o un equipo completo, es una operación muy habitual en electrónica. En este caso los polímetros digitales son extremadamente útiles y precisos.

En el modelo que hemos utilizado para describir el manejo de los multímetros digitales tenemos cuatro escalas: 200 µA, 2.000 µA (2 mA), 20 mA y 200 mA. Existe además un rango especial para corrientes elevadas de hasta 10 A.

Recuerde que la corriente ha de medirse en serie, por lo que para hallar el consumo de ella en un elemento dentro de un circuito deberá, como en el caso de las resistencias, desoldar al menos un extremo del aquél.

# Capítulo 10

# PROBLEMAS DE ELECTRICIDAD

■■■■■■■■■■■■■■■■■■■■■■■■■■■■■■■■■■■■■■■■■■■■■■■■■■■■■■■■■■

En esta última parte del libro se recogen, para los distintos capítulos, más de 30 problemas completamente explicados. De este modo usted podrá aplicar de forma práctica, si así lo desea, los conocimientos básicos que ha ido adquiriendo a lo largo de la obra.

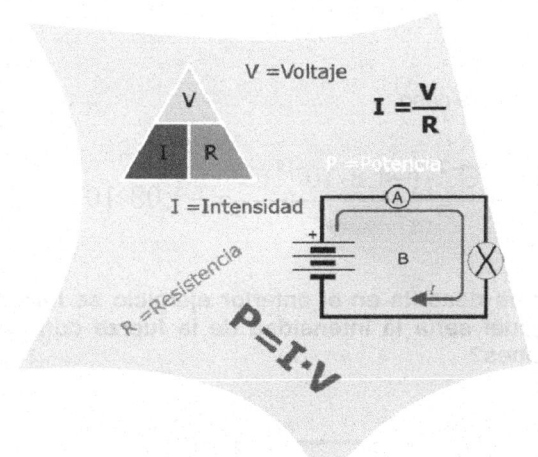

# 10.1 TEORÍA ATÓMICA Y ELECTRICIDAD

**1.- Halle la carga eléctrica, en culombios, que posee un átomo de fósforo con 15 protones en su núcleo y 18 electrones en su corteza. Recuerde que la carga de un electrón es $-1,6 \cdot 10^{-19}$ C.**

Como sabe del primer capítulo, $p^+$ y $e^-$ poseen la misma carga eléctrica; así pues, este átomo de P tendrá un exceso de carga negativa, concretamente la correspondiente a los 3 $e^-$, por lo que se trata del anión $P^{3-}$. La carga eléctrica de éste será, entonces:

$$\left. \begin{array}{l} 1e^- \rightarrow -1,6 \cdot 10^{-19}\,C \\ 3e^- \rightarrow Q \end{array} \right\} \quad Q = 3 \times (-1,6 \cdot 10^{-19})\ C = -4,8 \cdot 10^{-19}\,C\ T$$

**2.- Calcule cuál es el valor, en el vacío, del campo eléctrico que el anión $P^{3-}$ genera en el espacio a una distancia de 2 m. Recuerde que la constante K en el vacío es $9 \cdot 10^9$ Nm$^2$C$^{-2}$.**

El campo eléctrico que una carga $q$ genera en el espacio que la rodea, a una distancia $r,$ es:

$$E = \frac{K \cdot q}{r^2}$$

Así pues, en este caso,

$$E = \frac{9 \cdot 10^9\,\mathrm{Nm^2C^{-2}} \cdot (-4,8 \cdot 10^{-19})\mathrm{C}}{2^2\,\mathrm{m^2}} = -1,08 \cdot 10^{-9}\,\mathrm{N/C}\ T$$

**3.- Si en la situación descrita en el anterior ejercicio se introduce un catión litio, Li$^+$, ¿cuál sería la intensidad de la fuerza con la que se atraerían ambos iones?**

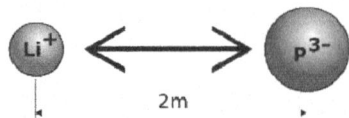

Según la ley de Coulomb, cuando una carga $q'$ se introduce en el campo eléctrico $E$ creado por otra carga $q$, la fuerza que experimenta es:

$$F = \frac{K \cdot q \cdot q'}{r^2} = E \cdot q'$$

En el anterior ejercicio, el campo eléctrico que generaba el anión $P^{3-}$ a una distancia de 2 m era $E = -1,08 \cdot 10^{-9}$ N/C. Como la carga eléctrica del ion $Li^+$ es $+1,6 \cdot 10^{-19}$ C, entonces, la fuerza de atracción de ambos iones será:

$$F = -1,08 \cdot 10^{-9} \,\text{N/C} \cdot 1,6 \cdot 10^{-19} \,\text{C} = -1,73 \cdot 10^{-28} \,\text{N} \uparrow$$

Donde el signo menos indica, precisamente, que es una fuerza de atracción.

**4.- Halle la fuerza con la que se repelen los dos protones del núcleo del átomo de helio si suponemos que están separados por una distancia de $1,2 \cdot 10^{-10}$ m.**

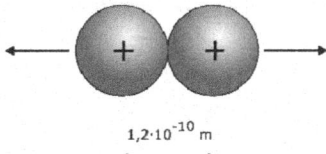

$1,2 \cdot 10^{-10}$ m

Si aplicamos la ley de Coulomb, tenemos:

$$F = \frac{9 \cdot 10^9 \,\text{Nm}^2\text{C}^{-2} \cdot (1,6 \cdot 10^{-19})^2 \text{C}^2}{(1,2 \cdot 10^{-10})^2 \text{m}^2} = 1,6 \cdot 10^{-8} \,\text{N} \uparrow$$

Esta fuerza de repulsión entre los dos protones del núcleo puede parecer muy pequeña: *0,000000016 N*; sin embargo, si consideramos que la masa del $p^+$ es $1,67 \cdot 10^{-27}$ kg, entonces, la aceleración con la que se separarían los protones en el átomo sería:

$$a = \frac{F}{m} = \frac{1,6 \cdot 10^{-8} \,\text{N}}{1,67 \cdot 10^{-27} \text{kg}} = 9,6 \cdot 10^{18} \,\text{m/s}^2$$

¿Puede realmente imaginar lo enorme que es esta aceleración? ¿Cómo, entonces, pueden existir los protones en el núcleo de los átomos sin que éstos se desintegren?

**5.- Dada la distribución de cargas que se recoge en la figura adjunta, donde q1 y q2 son cargas de 2 C cada una y q3 de -1 C, halle el potencial eléctrico en el punto P.**

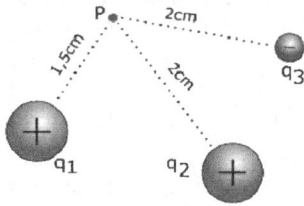

Como se explicó en el Capítulo 1, el potencial eléctrico creado en un punto por una distribución de cargas, es la suma escalar de los potenciales que individualmente genera cada una en dicho punto.

$$V = K \cdot \sum_i \frac{q_i}{r_i}$$

Así pues:

$$V_{q1} = 9 \cdot 10^9 \cdot \frac{2 \cdot 10^{-6}}{1,5 \cdot 10^{-2}} = 1,2 \cdot 10^6 \text{ V}$$

$$V_{q2} = 9 \cdot 10^9 \cdot \frac{2 \cdot 10^{-6}}{2 \cdot 10^{-2}} = 9 \cdot 10^5 \text{ V} \left.\begin{array}{c} \\ \\ \\ \end{array}\right\} \Rightarrow V_p = V_{q1} + V_{q2} + V_{q3}$$

$$V_{q3} = 9 \cdot 10^9 \cdot \frac{-1 \cdot 10^{-6}}{2 \cdot 10^{-2}} = -4,5 \cdot 10^5 \text{ V}$$

Entonces:

$$V_p = 1,2 \cdot 10^6 + 9 \cdot 10^5 - 4,5 \cdot 10^5 = 1,65 \cdot 10^6 \text{ VT}$$

**6.- Halle la diferencia de potencial que existe entre dos puntos A y B que se encuentran a 20 cm y 10 cm, respectivamente, de una carga de +1 C.**

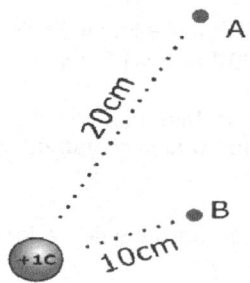

Para calcular la diferencia de potencial entre los puntos A y B, $V_{AB}$, basta con encontrar los potenciales que la carga de +1 C genera en sendos puntos.

$$V_A = \frac{K \cdot q}{r_A} = \frac{9 \cdot 10^9 \, \mathrm{Nm^2 C^{-2}} \cdot 1 \, \mathrm{C}}{0,2 \, \mathrm{m}} = 4,5 \cdot 10^{10} \, \mathrm{V}$$

$$V_B = \frac{K \cdot q}{r_B} = \frac{9 \cdot 10^9 \, \mathrm{Nm^2 C^{-2}} \cdot 1 \, \mathrm{C}}{0,1 \, \mathrm{m}} = 9 \cdot 10^{10} \, \mathrm{V}$$

Entonces, como vimos en el Capítulo 1,

$$V_{AB} = V_B - V_A = 9 \cdot 10^{10} - 4,5 \cdot 10^{10} = 4,5 \cdot 10^{10} \, \mathrm{VT}$$

# 10.2 CONCEPTOS BÁSICOS SOBRE CIRCUITOS

**1.- Realice las transformaciones que se indican a continuación:**

**a) 200 V → kV.** El kV es un múltiplo 1.000 veces mayor que el V; por lo que 200/1.000 = 0,2 kVT

**b) 0,5 V → mV.** El mV es un submúltiplo 1.000 veces menor que el V; por lo que 0,5 · 1.000 = 500 mVT

**c) 1300 μV → mV.** El mV es un múltiplo 1.000 veces mayor que el μV; por lo que 1.300/1.000 = 1,3 mVT

**2.- Halle la resistencia de un hilo de cobre de 1,5 mm$^2$ de sección y 10 m de longitud si conocemos que la resistividad del mismo es 1,8 · 10$^{-6}$ Ω · cm.**

La resistencia, $R$, de un material de longitud $l$ y sección $S$, viene dada por la expresión $R = \rho \dfrac{l}{S}$. Así pues, teniendo la precaución de poner todas las magnitudes en sus unidades correspondientes ($l$ en cm y $S$ en cm$^2$), tenemos que:

$$R = 1,8 \cdot 10^{-6} \ \Omega cm \frac{1.000 \ cm}{1,5/100 \ cm^2} = 0,12 \ \Omega \ T$$

**3.- Calcule la sección de un hilo de 11,36 m y resistividad 10$^{-6}$ Ω · m si debe tener una resistencia de 11,36 Ω.**

De la ecuación estudiada en el punto 2.3.1 podemos despejar la sección del hilo, $S$, como:

$$S = \frac{\rho \cdot l}{R} = \frac{10^{-6} \ \Omega \cdot m \times 11,36 \ m}{11,36 \ \Omega} = 10^{-6} m^2 = 1 \ mm^2 \ T$$

**4.- Halle la conductividad del aluminio si conocemos que un hilo de 1,5 mm$^2$ y 10 m posee una resistencia de 0,173 Ω.**

La conductividad eléctrica, $\sigma$, es la inversa de la resistividad, $\rho$. Así pues, como

$$\rho_{Al} = \frac{R \cdot S}{l} = \frac{0,173 \ \Omega \times 1,5 \cdot 10^{-6} \, m^2}{10 \, m} = 2,60 \cdot 10^{-8} \Omega \cdot m$$

Entonces, la conductividad del $Al$ será:

$$\sigma_{Al} = \frac{1}{\rho} = \frac{1}{2,60 \cdot 10^{-8} \Omega \cdot m} = 3,8 \cdot 10^7 \, S/m \ \ T$$

**5.- Realice las transformaciones que se piden a continuación:**

**a) 2,5 k$\Omega$ → $\Omega$.** El k$\Omega$ es un múltiplo 1.000 veces mayor que el $\Omega$; por lo que 2,5 · 1.000 = 2.500 $\Omega$ T

**b) 8.300 $\Omega$ → M$\Omega$.** El $\Omega$ es un submúltiplo 1.000.000 veces menor que el M$\Omega$; por lo que $8.300/10^6 = 8,3 \cdot 10^{-3}$ M$\Omega$ T

**c) 2,3 M$\Omega$ → k$\Omega$.** El M$\Omega$ es un múltiplo 1.000 veces mayor que el k$\Omega$; por lo que 2,3 · 1.000 = 2.300 k$\Omega$ T

**6.- Calcule cuántos electrones atraviesan un conductor por el que circula una corriente de 1 A durante 5 minutos. Dato: 1 C equivale a la carga eléctrica de $6,3 \cdot 10^{18}$ e$^-$.**

Como ya conoce, la intensidad de corriente es la cantidad de carga eléctrica que atraviesa un conductor en un segundo; es decir,

$$I = \frac{Q}{t}; \quad Q = I \cdot t = 1 \, A \cdot 5 \, min \cdot \frac{60 \, s}{1 \, min} = 300 \, C$$

Y del dato del enunciado:

$$n^{\circ} \ e^- = 300 \, C \cdot \frac{6,3 \cdot 10^{18} \, e^-}{1 \, C} = 1,89 \cdot 10^{21} \, e^- \ \ T$$

**7.- Realice las transformaciones que se piden a continuación:**

**a) 5,2 A → mA.** El A es un múltiplo 1.000 veces mayor que el mA; por lo que 5,2 · 1.000 = 5.200 mA T

**b) 325 μA → mA.** El μA es un submúltiplo 1.000 veces menor que el mA; por lo que 325/1.000 = 0,325 mA T

**c) 0,287 A → mA.** El mA es un submúltiplo 1.000 veces menor que el A; por lo que 0,287 · 1.000 = 287 mA T

# 10.3 LEYES BÁSICAS DE LOS CIRCUITOS

**1.- Halle la corriente que pasa por un circuito que presenta una resistencia eléctrica de 400 Ω y que se encuentra conectado a una tensión de 50 V.**

Se trata del típico problema de la Ley de Ohm, en el que se dan dos magnitudes; en este caso la resistencia ($R$) y la tensión ($V$), y se pide la tercera; en el ejercicio, la intensidad ($I$).

$$I = \frac{V}{R} = \frac{50 \text{ V}}{400 \text{ } \Omega} = 125 \text{ mA T}$$

**2.- ¿Cuál es el voltaje que alimenta una aplicación eléctrica por la que pasan 8,5 A de corriente y que presenta una resistencia de 100 Ω?**

De nuevo tenemos dos magnitudes ($I$, $R$) y se nos pide hallar la tercera, $V$. Si se despeja la tensión en la Ley de Ohm, entonces,

$$V = I \cdot R = 8,5 \text{ A} \cdot 100 \text{ } \Omega = 850 \text{ V T}$$

También podíamos haber acudido al triángulo de la Ley de Ohm (punto 3.1.1). Como se pregunta en el problema por el voltaje, $V$, tape éste con el dedo y el resultado es $V = I \cdot R$.

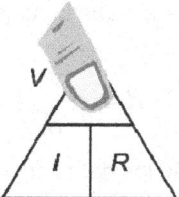

**3.- Una batería entrega a un circuito una tensión de 9 V y una corriente de 7 mA. Calcule la resistencia que presenta el circuito.**

Si despejamos la resistencia de la fórmula de la Ley de Ohm o usamos el triángulo homónimo, tenemos que,

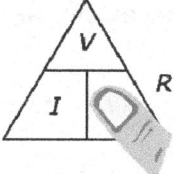

$$R = \frac{V}{I} = \frac{9 \text{ V}}{0,007 \text{ A}} = 1.286 \ \Omega \ \text{T}$$

**4.- ¿Cuál debe ser la resistencia del bobinado de un motor de corriente continua que se alimenta con una tensión de 9 V y por el que pasa una corriente de 409 mA?**

Estamos en el mismo caso del ejercicio anterior, donde

$$R = \frac{V}{I} = \frac{9 \text{ V}}{0,409 \text{ A}} = 22 \ \Omega \ \text{T}$$

**5.- Si la resistividad del cobre es 1,70 · 10$^{-8}$ Ω · m ¿cuál es la longitud del hilo que se ha empleado en la construcción del bobinado del motor de ejercicio anterior si su sección es 1 mm²?**

Del Capítulo 2 conocemos que la resistencia de un hilo de longitud $l$ y sección $S$, es:

$$R = \rho \frac{l}{S}$$

Entonces, sustituyendo los datos conocidos, encontramos que

$$22 \, \cancel{\Omega} = 1,70 \cdot 10^{-8} \, \cancel{\Omega} \cdot \cancel{m} \frac{l}{10^{-6} \, \text{m}^{\cancel{2}}}; \; l = \frac{22 \, \text{m}}{1,70 \cdot 10^{-2}} = 1.294 \, \text{m} \; \text{T}$$

**6.- Una lavadora indica en su placa de características: 2.000 W, 220 V. Calcule la intensidad que consumirá y el coste de la energía eléctrica si está funcionando 1 hora (0,13 €/kWh). Halle, así mismo, la resistencia aparente que presenta.**

Según la Ley de Watt, $P = I \cdot V$. Así pues, la intensidad de corriente que consumirá será:

$$I = \frac{P}{V} = \frac{2.000 \, \text{W}}{220 \, \text{V}} = 9 \text{A} \; \text{T}$$

El trabajo, o la energía eléctrica que gasta, es $W = P \cdot t$. De tal modo que, expresando la potencia en kW y el tiempo en horas, tendremos,

$$W = 2 \, \text{kW} \cdot 1 \, \text{h} = 2 \, \text{kWh}$$

Y el coste de estar funcionando durante ese tiempo,

$$2 \, \cancel{\text{kWh}} \cdot 0,13 \frac{\text{€}}{\cancel{\text{kWh}}} = 0,26 \, \text{€} \; \text{T}$$

La resistencia aparente que presenta puede hallarse a través de la Ley de Ohm ($I = V/R$) o de la combinación de las Leyes de Ohm y Watt ($P = V^2/R$). Despejando $R$, indistintamente, se tiene,

$$R = \frac{V^2}{P} = \frac{(220 \, \text{V})^2}{2000 \, \text{W}} = 24 \, \Omega \; \text{T}$$

**7.- Calcule la resistencia del elemento calefactor de un horno cuya potencia es de 1.500 W a 220 V.**

La resistencia del elemento calefactor, conocidas la potencia y la tensión, se resuelve por combinación de las Leyes de Ohm y Watt. De donde $R$, como en el ejercicio anterior, es:

$$R = \frac{V^2}{P} = \frac{(220 \text{ V})^2}{1500 \text{ W}} = 32 \ \Omega \text{ T}$$

**8.- Halle la resistencia de una bombilla cuya potencia es de 60 W a 220 V. Si esa bombilla se conecta a 125 V, cuál será su nueva potencia. ¿Se fundirá la bombilla?**

La resistencia de la bombilla se resuelve por combinación de las Leyes de Ohm y Watt ($P = V^2/R$), como en el ejemplo anterior:

$$R = \frac{V^2}{P} = \frac{(220 \text{ V})^2}{60 \text{ W}} = 807 \ \Omega \text{ T}$$

Si conectamos la bombilla a una tensión de 125 V, su resistencia seguirá siendo de 807 $\Omega$; entonces, la potencia aparente será:

$$P = \frac{V^2}{R} = \frac{(125 \text{ V})^2}{807 \ \Omega} = 19 \text{ W T}$$

¿Cómo sabemos si se fundirá la bombilla? Basta con que hallemos cuál es la intensidad que recorre la misma cuando la conectamos a 220 V. Si con esa intensidad funciona, $I_{MAX}$, cuando la enchufemos a 125 V será recorrida por una nueva corriente. Si esta última es inferior a $I_{MAX}$, no se quemará; lo único que ocurriría es que brillaría con menos intensidad. (Fíjese que se comporta como una bombilla de 19 W en vez de una de 60 W).

$$P = I \cdot V; \ I_{MAX} = \frac{P}{V} = \frac{60 \text{ W}}{220 \text{ V}} = 273 \text{ mA}$$

$$I_{125V} = \frac{19 \text{ W}}{125 \text{ V}} = 152 \text{ mA}$$

Por tanto, la bombilla NO se funde, sólo luce con menos intensidad.

# 10.4 TIPOS DE CONEXIONES EN CIRCUITOS

**1.- En el circuito siguiente, determine la resistencia equivalente, la intensidad suministrada por la fuente y las intensidades y tensiones parciales.**

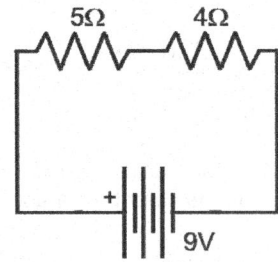

Como se observa en el esquema adjunto, se trata de una asociación de resistencias en serie; así pues, la resistencia equivalente viene dada por la suma de las resistencias. Es decir,

$$R_{eq} = 5 + 4 = 9 \ \Omega \ \text{T}$$

Una vez obtenido el circuito equivalente, hallar la intensidad que suminista la batería es tan fácil como aplicar la ley de Ohm.

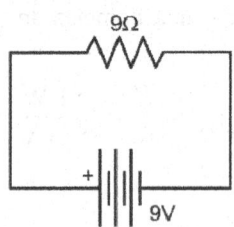

De este modo,

$$I = \frac{V}{R} = \frac{9 \text{ V}}{9 \text{ }\Omega} = 1 \text{ A T}$$

Como sabemos que la corriente que circula por elementos en serie es la misma; entonces, por las resistencias de 5 $\Omega$ y 4 $\Omega$ pasará una corriente de 1 A. De nuevo, aplicando la ley de Ohm, podemos conocer qué caída de tensión se experimentará en cada componente:

$$V_{5\,\Omega} = I \cdot R = 1 \text{ A} \cdot 5 \text{ }\Omega = 5 \text{ V T}$$

$$V_{4\,\Omega} = 1 \text{ A} \cdot 4 \text{ }\Omega = 4 \text{ V T}$$

Observe que la suma de las caídas de tensión coincide con el voltaje suministrado a las dos resistencias (9 V).

**2.- En el circuito de la Figura, halle la resistencia equivalente, la intensidad suministrada por la fuente y las intensidades y tensiones parciales.**

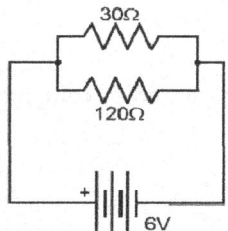

En este caso se tiene un circuito de dos resistencias asociadas en paralelo. Para calcular su resistencia equivalente, basta con aplicar la fórmula ya conocida:

$$\frac{1}{R_{eq}} = \frac{1}{30} + \frac{1}{120} = \frac{4+1}{120} = \frac{5}{120};$$

$$R_{eq} = \frac{120}{5} = 24 \text{ }\Omega \text{ T}$$

Ahora que ya tenemos el circuito equivalente, podemos hallar con la ley de Ohm la corriente que suminista la batería:

$$I = \frac{V}{R} = \frac{6 \text{ V}}{24 \text{ }\Omega} = 0,25 \text{ A } \mathsf{T}$$

La característica principal de componentes asociados en derivación es que la caída de tensión entre sus bornes es la misma. En este ejercicio, como observa en el circuito equivalente, la resistencia está sometida a una tensión de 6 V; así que 6 V es el voltaje de cada una de las dos resistencias en paralelo. Con la tensión y el valor de las resistencias hallamos la corriente que atraviesa cada una de ellas:

$$I_{120 \text{ }\Omega} = \frac{V}{R} = \frac{6 \text{ V}}{120 \text{ }\Omega} = 0,05 \text{ A } \mathsf{T} \text{ }; I_{30 \text{ }\Omega} = \frac{V}{R} = \frac{6 \text{ V}}{30 \text{ }\Omega} = 0,20 \text{ A } \mathsf{T}$$

**3.- Halle los valores que marcarán el voltímetro y el amperímetro en el circuito siguiente.**

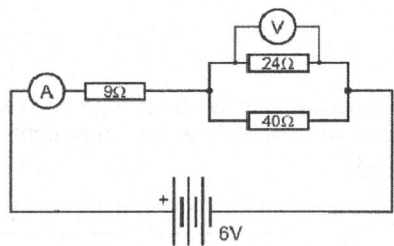

En primer lugar, y como siempre, hemos de obtener el circuito equivalente. Observe que se trata de una asociación mixta de resistencias. Los componentes de 24 Ω y de 40 Ω, en paralelo, forman un banco que se une en serie a la resistencia de 9 Ω. Así pues, lo primero será calcular la resistencia equivalente del banco:

$$\frac{1}{R_{eq}} = \frac{1}{24} + \frac{1}{40} = \frac{5+3}{120} = \frac{8}{120};$$

$$R_{eq} = \frac{120}{8} = 15 \ \Omega$$

El anterior circuito es equivalente, por tanto, a este otro:

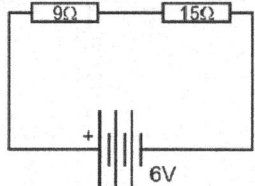

De donde resultan dos resistencias en serie, cuya equivalente, es:

$$R_{eq} = 15 + 9 = 24 \ \Omega$$

Una vez hallado el circuito equivalente, calculamos la intensidad de corriente suministrada por la batería mediante la ley de Ohm:

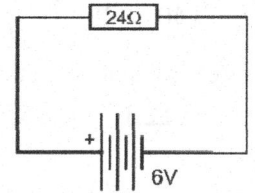

$$I = \frac{V}{R} = \frac{6 \ V}{24 \ \Omega} = 0,25 \ A \ T$$

Esta es la corriente que atraviesa las resistencias en serie de 9 $\Omega$ y 15 $\Omega$ y, por tanto, la que marcará el amperímetro.

¿Cómo calculamos ahora la lectura del voltímetro? Fíjese que el voltímetro es un elemento de medida de tensión que se conecta en paralelo con el elemento dado. Como todos los componentes que se conectan en derivación están sometidos a la misma tensión, el voltímetro marcará el voltaje que existe en la resistencia de 15 $\Omega$. Si aplicamos la Ley de Ohm, resulta:

$$V_{24\,\Omega} = V_{15\,\Omega} = I \cdot R = 0,25 \text{ A} \cdot 15 \ \Omega = 3,75 \text{ V T}$$

**4.- Determine qué lecturas nos darán el voltímetro y el amperímetro en el siguiente circuito.**

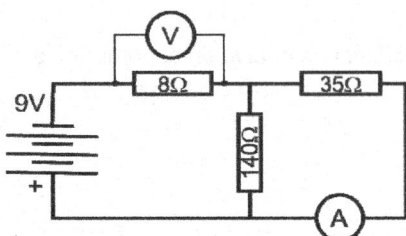

Se trata, de nuevo, de una asociación mixta de resistencias. Si observa detenidamente, las resistencias de 140 Ω y de 35 Ω se encuentran unidas en paralelo formando un banco que, a su vez, se une en serie a la resistencia de 8 Ω. Por tanto, lo primero que hacemos es calcular cuál es la resistencia equivalente del banco:

$$\frac{1}{R_{eq}} = \frac{1}{35} + \frac{1}{140} = \frac{1}{28}; \ R_{eq} = 28 \ \Omega$$

El anterior circuito es equivalente, por tanto, a este otro:

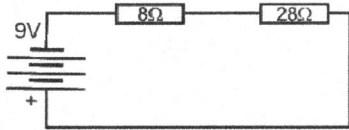

Las dos resistencias en serie son equivalentes a una de valor 8 + + 28 = 36 Ω. La intensidad de corriente que suministra la batería al circuito es, según la Ley de Ohm:

$$I = \frac{V}{R} = \frac{9 \text{ V}}{36 \ \Omega} = 0,25 \text{ A T}$$

Por elementos en serie circula siempre la misma corriente, así pues, la intensidad que atraviesa la resistencia de 8 Ω es 0,25 A. De la Ley de Ohm sabemos, entonces, que el voltímetro nos dará una lectura de:

$$V_{8\,\Omega} = I \cdot R = 0,25 \text{ A} \cdot 8 \ \Omega = 2 \text{ V } \text{T}$$

Para saber la corriente que atraviesa la resistencia de 35 Ω hemos de conocer previamente la caída de tensión que se produce en la misma. Como ya sabe, los elementos en paralelo están sometidos al mismo voltaje; así pues, la caída de tensión en las resistencias de 140 Ω y 35 Ω es la misma que la de su equivalente (28 Ω). De tal forma que:

$$V_{35\,\Omega} = V_{28\,\Omega} = I \cdot R = 0,25 \text{ A} \cdot 28 \ \Omega = 7 \text{ V}$$

Por tanto el amperímetro marcará:

$$I = \frac{V}{R} = \frac{7 \text{ V}}{35 \ \Omega} = 0,2 \text{ A } \text{T}$$

**5.- Halla, en el circuito siguiente, la intensidad entregada por la batería, las lecturas del voltímetro y del amperímetro y el calor disipado por la resistencia de 8 Ω tras una hora de funcionamiento.**

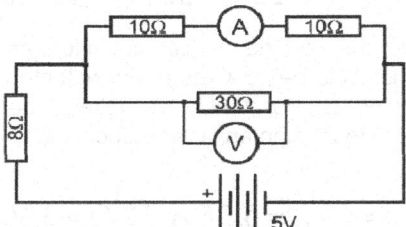

En primer lugar, y como siempre, obtendremos el circuito equivalente. Observe que en el banco de resistencias tenemos dos resistores de 10 Ω en serie, unidos en paralelo a otra resistencia de 30 Ω. La equivalente de esta disposición es, por tanto,

$$\frac{1}{R_{eq}} = \frac{1}{20} + \frac{1}{30} = \frac{5}{60}; \ R_{eq} = 12 \ \Omega$$

El circuito anterior quedaría simplificado a uno con dos resistencias en serie de 8 Ω y 12 Ω.

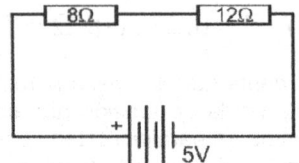

Aplicando la Ley de Ohm obtenemos la intensidad suministrada por la batería de 5 V:

$$I = \frac{5\ \text{V}}{12\ \Omega + 8\ \Omega} = 0,25\ \text{A T}$$

Para calcular la cantidad de calor, en calorías, que disipa la resistencia de 8 Ω por efecto Joule tras una hora de funcionamiento, basta con aplicar la ecuación aprendida en el Capítulo 5, $Q = 0,24 \cdot I^2 \cdot R \cdot t$, donde $I$ es la corriente que la atraviesa y $t$ el tiempo de funcionamiento en segundos. Como por la resistencia de 8 Ω pasa la totalidad de la corriente entregada por la batería (0,25 A) y una hora son 60 · 60 = 3.600 s, entonces:

$$Q = 0,24 \cdot 0,25^2 \cdot 8 \cdot 3600 = 432\ cal\,\text{T}$$

Por último, nos queda hallar las lecturas del voltímetro y amperímetro. La resistencia de 12 Ω es la equivalente de los resistores en paralelo de 20 Ω y 30 Ω. Por tanto, los voltajes de estas dos últimas coinciden con la caída de tensión en la resistencia de 12 Ω. Según la Ley de Ohm,

$$V_{30\ \Omega} = V_{12\ \Omega} = 0,25\ \text{A} \cdot 12\ \Omega = 3\ \text{V T}$$

La resistencia de 20 Ω es la equivalente a los dos resistores de 10 Ω en serie, por lo que la corriente que atraviesa la primera es la misma que recorre los segundos. Por tanto, el amperímetro marcará:

$$I_{10\ \Omega} = \frac{3\ \text{V}}{20\ \Omega} = 0,15\ \text{A T}$$

**6.- Halle la diferencia de potencial entre los puntos A y B en el circuito siguiente:**

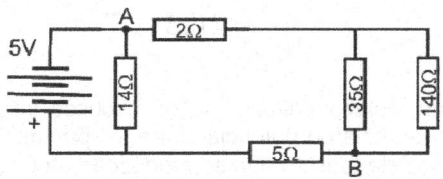

Este tipo de ejercicios se resuelven de forma similar a los vistos anteriormente. Primero se debe hallar la resistencia equivalente para calcular la intensidad de corriente suministrada por la batería.

La resistencia equivalente de los resistores en paralelo de 35 Ω y 140 Ω es:

$$\frac{1}{R_{eq}} = \frac{1}{35} + \frac{1}{140} = \frac{5}{140}; \; R_{eq} = 28 \; \Omega$$

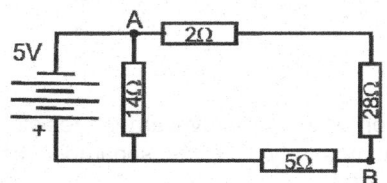

Ahora tenemos tres resistencias en serie: 2 Ω, 28 Ω y 5 Ω. El resistor equivalente es, entonces, 2 + 28 + 5 = 35 Ω; con lo que el circuito equivalente es:

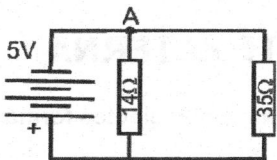

Y la resistencia del circuito:

$$\frac{1}{R_{eq}} = \frac{1}{35} + \frac{1}{14} = \frac{7}{70}; \; R_{eq} = 10 \; \Omega \; T$$

La corriente suministrada por la batería será entonces:

$$I = \frac{5 \text{ V}}{10 \text{ }\Omega} = 0,5 \text{ A T}$$

Si echa un vistazo calmado a los circuitos intermedios se dará cuenta de que la diferencia de potencial entre los puntos A y B será igual a la suma de las caídas de tensión que se produzcan en los resistores de 2 $\Omega$ y 28 $\Omega$ (están en serie). Así pues, necesitamos hallar la corriente que atraviesa la resistencia de 35 $\Omega$:

$$I = \frac{5 \text{ V}}{35 \text{ }\Omega} = 143 \text{ mA}$$

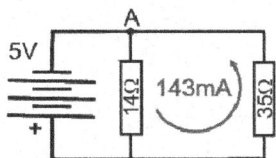

Esta es la corriente que atravesará los resistores en serie de 2 $\Omega$, 28 $\Omega$ y 5 $\Omega$. Los puntos A y B están separados por las dos primeras resistencias. Así, $V_{AB}$ será:

$$V_{AB} = 0,143 \text{ A} \cdot 30 \text{ }\Omega = 4,29 \text{ V T}$$

# 10.5 CORRIENTE ALTERNA

**1.- Indique cómo se llaman las siguientes formas de ondas alternas.**

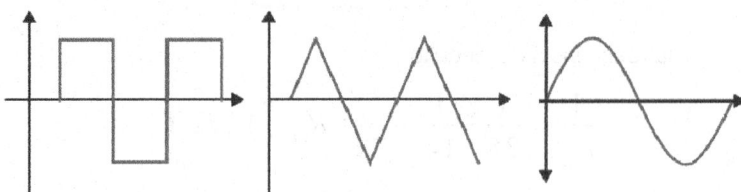

Efectivamente todas ellas son ondas que representan una corriente alterna, en las que los electrones circulan alternativamente en un sentido primero y luego en el opuesto. La primera de ellas, la de la izquierda, es una corriente de tipo cuadrada; la del medio, una corriente de forma triangular y la representada a la derecha, una corriente sinusoidal.

**2.- Halle el período y la frecuencia de la tensión alterna a continuación representada.**

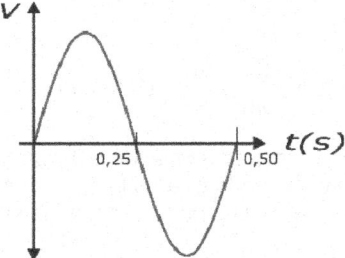

Esta gráfica representa un ciclo de una señal alterna sinusoidal. Como sabemos que la frecuencia es el número de ciclos por segundo, entonces,

$$f = \frac{1\ ciclo}{0,5\ s} = 2 \text{ Hz} \mathsf{T}$$

Y el período es el tiempo que dura un ciclo; es decir, la inversa de la frecuencia,

$$T = \frac{1}{f} = \frac{1}{2} = 0,5 \text{ s} \mathsf{T}$$

**3.- La tensión que nos proporcionan los enchufes de nuestras casas es de 220 V a una frecuencia de 50 Hz. Halle la tensión eficaz, el valor pico y el valor promedio del voltaje. Represente, así mismo, la forma de la onda alterna correspondiente.**

Como se explicó en el Capítulo 6, en corriente alterna trabajamos con valores eficaces. Los 220 V que mediría un polímetro en alterna son eficaces; así pues, el valor pico de la señal será:

$$V_{ef} = \frac{\sqrt{2}}{2} \cdot V_p; \quad V_p = \sqrt{2} \cdot V_{ef}; \quad V_p = \sqrt{2} \cdot 220 = 311 \text{ V T}$$

El valor promedio de una tensión sinusoidal, como vimos, es:

$$V_m = \frac{2}{\pi} \cdot V_p$$

Entonces,

$$V_m = \frac{2}{\pi} \cdot 311 = 198 \text{ V T}$$

La tensión tiene una frecuencia de 50 Hz; es decir, que en un segundo se producen 50 ciclos, o lo que es lo mismo, el período de la señal es 1/50 = 20 ms. Así pues, la gráfica de la señal es la siguiente:

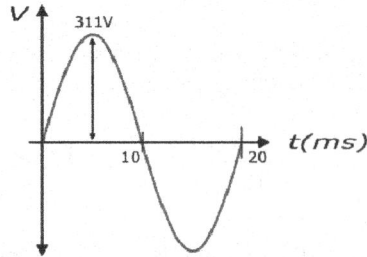

**4.-** En un circuito de corriente alterna alimentado por una fuente de **220 V** su resistencia equivalente es **22 Ω**. La frecuencia de la señal es de **60 Hz**. Encuentre:

a) El valor máximo que alcanza el potencial en un ciclo.

b) La ecuación del potencial.

c) Lo que marca un amperímetro de CA.

Un voltímetro de corriente alterna marca el valor eficaz de la tensión de la señal. De tal modo que el máximo valor que alcanza ésta en un ciclo es, como en el ejercicio anterior:

a) $\quad V_{ef} = \dfrac{\sqrt{2}}{2} \cdot V_p; \quad V_p = \sqrt{2} \cdot V_{ef}; \quad V_p = \sqrt{2} \cdot 220 = 311 \text{ V}$ T

La ecuación de una señal alterna sinusoidal (Y) se expresa matemáticamente como:

$$Y = A \cdot \text{sen}\left(\omega t\right)$$
$$\omega = 2\pi f$$

Donde A es la amplitud o valor pico de la señal y $\omega$ el pulso de la misma.

Una vez conocidos estos breves aspectos teóricos, ya podemos escribir la ecuación del potencial, con $A = 311$ V y $\omega = 2 \cdot \pi \cdot 60$ rad/s:

b) $\quad V = 311 \cdot \text{sen}\left(120\pi t\right)$ T

Por último, un amperímetro de CA marcará el valor eficaz de la corriente. Como tenemos el valor eficaz de la tensión, 220 V y la resistencia del circuito, 22 Ω; entonces, por la ley de Ohm,

c) $\quad I = \dfrac{220 \text{ V}}{22 \text{ Ω}} = 10 \text{A}$ T

**5.- Dadas las siguientes ecuaciones de potencial:**

a) $\quad v = 311 \cdot \text{sen}\left(100\pi t\right); \qquad$ b) $\quad v = 170 \cdot \text{sen}\left(120\pi t\right)$

**Halle:**

**a) El valor eficaz de la tensión en ambas señales.**

**b) La frecuencia de los voltajes.**

Los valores eficaces de ambas tensiones serán:

a) $V_{ef} = \dfrac{\sqrt{2}}{2} \cdot 311 = 220$ V T ;   b) $V_{ef} = \dfrac{\sqrt{2}}{2} \cdot 170 = 120$ V T

De los pulsos de las señales, $\omega = 2\pi f$, podemos encontrar las frecuencias de los potenciales,

b) $f_{a)} = \dfrac{100\pi}{2\pi} = 50$ Hz T     $f_{b)} = \dfrac{120\pi}{2\pi} = 60$ Hz T

# ÍNDICE ALFABÉTICO